Metodologia da
alfabetização

SÉRIE METODOLOGIAS

inter
saberes

Luciana de Luca Dalla Valle

Metodologia da alfabetização

2ª edição revista e atualizada

Informamos que é de inteira responsabilidade da autora a emissão de conceitos.

Nenhuma parte desta publicação poderá ser reproduzida por qualquer meio ou forma sem a prévia autorização da Editora InterSaberes.

A violação dos direitos autorais é crime estabelecido na Lei n. 9.610/1998 e punido pelo art. 184 do Código Penal.

Foi feito o depósito legal.

1ª edição, 2011.

2ª edição, 2024.

Lindsay Azambuja
EDITORA-CHEFE

Ariadne Nunes Wenger
GERENTE EDITORIAL

Daniela Viroli Pereira Pinto
ASSISTENTE EDITORIAL

Natasha Saboredo
Palavra do Editor
EDIÇÃO DE TEXTO

Denis Kaio Tanaami (*design*)
Charles L. da Silva (adaptação)
Janaka Dharmasena/Shutterstock (imagem)
CAPA

André Figueiredo Mueller
ILUSTRAÇÃO DA CAPA

Raphael Bernadelli
PROJETO GRÁFICO

Regiane Rosa
ADAPTAÇÃO DE PROJETO GRÁFICO

Bruno Palma e Silva
DIAGRAMAÇÃO

Charles L. da Silva
DESIGNER RESPONSÁVEL

Regina Claudia Cruz Prestes
ICONOGRAFIA

Dados Internacionais de Catalogação na Publicação (CIP)
(Câmara Brasileira do Livro, SP, Brasil)

Dalla Valle, Luciana de Luca
   Metodologia da alfabetização / Luciana de Luca Dalla Valle. -- 2. ed. rev. e atual. -- Curitiba, PR : Editora InterSaberes, 2024. -- (Série metodologias)

   Bibliografia.
   ISBN 978-85-227-0722-5

   1. Alfabetização – Estudo e ensino 2. Alfabetização – Formação de professores 3. Pedagogia – Metodologia I. Título. II. Série.

23-160380   CDD-372.4

Índices para catálogo sistemático:
1. Alfabetização : Educação   372.4

Eliane de Freitas Leite – Bibliotecária – CRB 8/8415

Rua Clara Vendramin, 58 . Mossunguê . CEP 81200-170
Curitiba . PR . Brasil . Fone: (41) 2106-4170
www.intersaberes.com . editora@intersaberes.com

CONSELHO EDITORIAL

DR. ALEXANDRE COUTINHO PAGLIARINI

DRª. ELENA GODOY

DR. NERI DOS SANTOS

Mª. MARIA LÚCIA PRADO SABATELLA

Apresentação, vii

Como aproveitar ao máximo este livro, xi

Introdução, xvii

um
Desenvolvimento da linguagem, 20

dois
Alfabetização e letramento, 60

três
Alfabetização com significado, 136

quatro
Temáticas sobre alfabetização, 172

Considerações finais, 209

Lista de siglas, 213

Referências, 215

Bibliografia comentada, 225

Respostas, 227

Atividades para o trabalho de alfabetização, 233

Sobre a autora, 247

apresentação...

Este livro tem a função primordial de inserir o leitor no estudo do tema *alfabetização*, de modo a fornecer-lhe elementos teóricos que fundamentem práticas pedagógicas eficazes e coerentes.

Ao disponibilizar informações e suscitar reflexões sobre tais práticas, esperamos que haja um enriquecimento do conhecimento e a formação de um professor correspondente à necessidade que o mercado apresenta atualmente: profissionais alfabetizadores que tenham, além de boas técnicas didáticas, fundamentos teóricos concretos que sustentem sua prática. Por esse motivo, é imprescindível o estudo dessa temática no curso de Pedagogia, que forma profissionais da educação e pretende habilitar professores para ministrarem aulas de qualidade.

Esta obra está estruturada em quatro capítulos. No Capítulo 1, abordamos o uso das diferentes formas de linguagem para comunicar ideias na perspectiva de três autores que contribuíram com seus estudos para o melhor entendimento do desenvolvimento da linguagem infantil. São eles: Jean Piaget, Lev Semenovich Vygotsky e Emilia Ferreiro. Com relação à teoria dos dois primeiros, são destacados seus estudos sobre o desenvolvimento infantil como um todo; quanto à teoria da terceira autora, são enfatizados seus estudos sobre a construção da linguagem escrita pela criança.

No Capítulo 2, apresentamos os diferentes métodos de alfabetização empregados na educação dos brasileiros, examinando as diferenças e os resultados que poderão advir dessa utilização. Nesse capítulo também está presente o conceito de *letramento*, que possibilita reflexões sobre as práticas pedagógicas empregadas no cenário da educação brasileira sob a ótica da Base Nacional Comum Curricular (BNCC) para a definição do alfabetizador na atualidade e das formas de condução de seu trabalho, de modo a torná-lo eficaz e coerente com o mundo contemporâneo.

No Capítulo 3, propomos um estudo da necessidade de se promover um trabalho pedagógico com significado e no qual se destaque a função que a escrita e a leitura têm na sociedade atual, enfatizando-se as contribuições da linguística para a alfabetização da criança. Tratamos também da importância do professor alfabetizador e apresentamos sugestões de atividades para o trabalho de alfabetização.

Por fim, no Capítulo 4, examinamos algumas temáticas importantes para a alfabetização e o letramento na contemporaneidade. Abordamos o letramento digital e a educação de jovens e adultos (EJA) no Brasil, considerando-se a questão do analfabetismo e reflexões pertinentes ao trabalho do professor que se propõe a alfabetizar essa parcela da população.

Todo o livro está de acordo com a BNCC. Pela complexidade do assunto *alfabetização*, não pretendemos esgotá-lo neste livro. Ao contrário, a intenção é que as informações compiladas aqui possam fazer surgir professores que reflitam sobre a educação nacional e sobre como é possível ensinar crianças e adultos brasileiros a ler palavras e a compreender ideias, bem como a escrever textos, sejam impressos, sejam virtuais, que tenham sentido e que reflitam suas histórias de sucesso e felicidade.

Como aproveitar ao máximo este livro

Empregamos nesta obra recursos que visam enriquecer seu aprendizado, facilitar a compreensão dos conteúdos e tornar a leitura mais dinâmica. Conheça a seguir cada uma dessas ferramentas e saiba como estão distribuídas no decorrer deste livro para bem aproveitá-las.

Introdução do capítulo

Logo na abertura do capítulo, informamos os temas de estudo e os objetivos de aprendizagem que serão nele abrangidos, fazendo considerações preliminares sobre as temáticas em foco.

Importante!

Algumas das informações centrais para a compreensão da obra aparecem nesta seção. Aproveite para refletir sobre os conteúdos apresentados.

Preste atenção!

Apresentamos informações complementares a respeito do assunto que está sendo tratado.

Para refletir

Aqui propomos reflexões dirigidas com base na leitura de excertos de obras dos principais autores comentados neste livro.

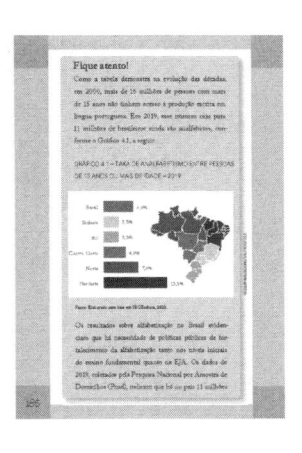

Fique atento!

Ao longo de nossa explanação, destacamos informações essenciais para a compreensão dos temas tratados nos capítulos.

Síntese

Ao final de cada capítulo, relacionamos as principais informações nele abordadas a fim de que você avalie as conclusões a que chegou, confirmando-as ou redefinindo-as.

Indicações culturais

Para ampliar seu repertório, indicamos conteúdos de diferentes naturezas que ensejam a reflexão sobre os assuntos estudados e contribuem para seu processo de aprendizagem.

Atividades de autoavaliação

Apresentamos estas questões objetivas para que você verifique o grau de assimilação dos conceitos examinados, motivando-se a progredir em seus estudos.

Atividades de aprendizagem

Aqui apresentamos questões que aproximam conhecimentos teóricos e práticos a fim de que você analise criticamente determinado assunto.

Bibliografia comentada

Nesta seção, comentamos algumas obras de referência para o estudo dos temas examinados ao longo do livro.

CUNHA, C. M. B. L. da; SHIBUTA, V. L. *Mini Prix*. Ilustrado por Theodoro Guilherme. Ponta Grossa: ABC Projetos, 2022.

A questão da inclusão precisa permear os trabalhos de alfabetização e, para isso, livros de história que tratem desse assunto devem ser oferecidos aos alunos. No livro *Mini Prix* são abordados temas relevantes como inclusão social, compreensão de diferenças e acolhimento, tudo isso numa linguagem própria para crianças. Escrito em letra caixa-alta (maiúscula) para facilitar a leitura das crianças que estão iniciando na escola, apresenta opção para o trabalho em inglês. É um livro sensível indicado também aos professores pela relevância do tema.

introdução...

No mundo contemporâneo, ocorreram mudanças rápidas e significativas em muitos campos, inclusive no pedagógico. Contudo, é preciso considerar que as mudanças pelas quais os campos científicos e tecnológicos passaram nos últimos anos são imensas e proporcionaram, também, uma reestruturação da função da escola, ao retirarem dela a missão de ser a única transmissora de informação. As tecnologias, como se sabe, disponibilizam as informações de maneira mais célere e atualizada do que a escola. Essa nova realidade exigiu, entre outros aspectos, um repensar sobre a formação e a atuação dos professores que atendem à demanda infantojuvenil, dado o desafio de educar crianças e jovens para a sociedade tecnológica em que vivem. Desse modo, é primordial ao professor repensar suas atitudes e concepções teóricas de forma a conseguir ser, de fato, um educador que possa fazer a diferença no mundo de hoje.

Se a revolução tecnológica possibilitou uma revolução da informação, podemos dizer que o que se apresenta são crianças que, antes de saberem segurar o lápis, já teclam no computador, escutam músicas escolhidas por elas em aplicativos e escolhem programas e jogos com habilidade em diversos recursos tecnológicos, demonstrando intimidade com as máquinas, o que pode causar até certa surpresa nos adultos. De um modo ou de outro, a maneira como essas crianças serão alfabetizadas é muito diferente do que se praticava em décadas anteriores, visto que são crianças de um tempo diferente.

Entretanto, nem sempre os professores estão preparados para isso. O desafio que se impõe nesse contexto histórico é a revisão das práticas pedagógicas de modo que possibilitem a alfabetização de crianças e adultos como exercício de cidadania, contemplando significados que fazem parte do mundo atual. Isso representa um grande avanço na formação dos professores, pois enseja reflexão, responsabilidade e comprometimento.

Alfabetizar crianças e adultos deve ser mais do que ensiná-los a decifrar o código das letras ou, simplesmente, traçá-las: deve primar por levá-los a compreender que, por trás das letras, há significados e que o uso da linguagem pode ajudá-los a melhorar de vida, a crescer. Alfabetizar, sem dúvida, é abrir oportunidades e deve ser uma ação responsável, que exige comprometimento, estudo e atualização constante. Por isso, ser professor alfabetizador hoje não é tarefa fácil, mas é, com certeza, uma função maravilhosa!

um...

Desenvolvimento da linguagem

Neste capítulo, trataremos da função de diferentes formas de linguagem ao comunicar ideias. Destacaremos, sob o ponto de vista do desenvolvimento da linguagem, três teóricos importantes: Jean Piaget, Lev Semenovich Vygotsky e Emilia Ferreiro. Quanto aos dois primeiros, concentraremos nossa atenção em suas teorias sobre o desenvolvimento infantil. Com relação à última autora, apresentaremos sua contribuição para as discussões acerca da construção da linguagem escrita pela criança.

1.1 DIFERENTES LINGUAGENS E UM ÚNICO OBJETIVO: COMUNICAR

Para que serve a **linguagem**? Quantos tipos de linguagem existem? Segundo o Dicionário Houaiss (Houaiss; Villar; Franco, 2001, p. 1763), *linguagem* é "qualquer meio sistemático de comunicar ideias ou sentimentos através de signos convencionais, sonoros, gráficos, gestuais etc.".

No Dicionário Michaelis (Linguagem, 2023), podemos encontrar a seguinte definição de *linguagem*: "Conjunto de sinais falados, escritos ou gesticulados de que se serve o homem para exprimir suas ideias e sentimentos. […] Qualquer meio utilizado pelo homem para se comunicar".

De modo geral, podemos afirmar que a linguagem é a forma que usamos para comunicar nossas ideias e, justamente por isso, ela pode se manifestar de muitas maneiras. Afinal, podemos nos comunicar de vários modos: por meio da linguagem oral, da linguagem não verbal (aquela que se baseia em imagens e símbolos gráficos, não necessariamente letras), da linguagem escrita, da linguagem musical, entre outras.

Veja a forma interessante como o poeta português Fernando Pessoa (1888-1935) define a linguagem escrita usada nas cartas de amor em seu poema intitulado "Todas as cartas de amor são ridículas", escrito por seu heterônimo Álvaro de Campos (1944).

Todas as cartas de amor são
Ridículas.
Não seriam cartas de amor se não fossem
Ridículas.

Também escrevi em meu tempo cartas de amor,
Como as outras,
Ridículas.

As cartas de amor, se há amor,
Têm de ser
Ridículas.

Mas, afinal,
Só as criaturas que nunca escreveram
Cartas de amor
É que são
Ridículas.

Quem me dera no tempo em que escrevia
Sem dar por isso
Cartas de amor
Ridículas.

A verdade é que hoje
As minhas memórias
Dessas cartas de amor
É que são
Ridículas.

*(Todas as palavras esdrúxulas,
Como os sentimentos esdrúxulos,
São naturalmente
Ridículas.)*

Vamos dar ao poeta a licença de definir as cartas de amor e a respectiva linguagem como quiser, visto que não é possível encontrar consenso quanto ao que seriam palavras esdrúxulas para cada um de nós, certo? Nem o conceito de ridículo é fácil de ser explicado e aceito por todos. Assim, a visão do poeta neste estudo serve para nos fazer refletir sobre as formas de escrever, que, além de se diferenciarem das maneiras de falar, ainda se diferenciam entre si.

> Concordamos com isso: uma carta de amor, ridícula ou não, é bem diferente de uma carta em que solicitamos aumento de salário; entretanto, as duas usam a linguagem escrita. Ao solicitarmos um aumento de salário por carta, porém, utilizamos uma linguagem bem diferente da que seria usada em um diálogo oral.

Agora, veja se você consegue decodificar os exemplos de linguagem não verbal apresentados na Figura 1.1.

FIGURA 1.1 – EXEMPLOS DE LINGUAGEM NÃO VERBAL

Mesmo sem contar com a linguagem escrita nas placas, e até sem saber ler, é possível decodificar o que está contido em cada uma: "Mão dupla", "Proibido o trânsito de bicicletas", "Aeroporto", "Área escolar". Portanto, **a ausência de linguagem escrita não impede a compreensão da mensagem**. A linguagem tem, pois, independentemente da forma que escolhemos, uma função comunicativa.

1.2 PIAGET E VYGOTSKY: CONCEPÇÕES TEÓRICAS IMPORTANTES

Vários autores refletiram sobre o funcionamento do pensamento humano no que diz respeito ao desenvolvimento da linguagem nas pessoas. Nesse sentido, destacamos o suíço Jean Piaget (1896-1980) e o bielorrusso Lev Semenovich Vygotsky (1896-1934).

> **Importante!**
> Piaget e Vygotsky não estudaram somente o desenvolvimento da linguagem humana; esse recorte na teoria deles é feito propositalmente neste trabalho.

Abordaremos cada um desses autores em sequência, com um pequeno panorama de como seus estudos podem nos auxiliar no processo de alfabetização.

Piaget desenvolveu seus estudos com ênfase nos processos de **construção do conhecimento** nas crianças. Para esse autor, **o conhecimento é uma contínua construção que ocorre por meio do contato da criança com os objetos de estudo** (entendendo-se aqui o contato como uma ação física e/ou mental). Em sua teoria, chamada de *epistemologia genética*, Piaget (1983) afirma que o conhecimento resulta das interações que se produzem entre sujeito e objeto, como sendo uma dupla construção que, para progredir, depende da elaboração tanto de um quanto do outro. Para esse cientista, as ações da criança sobre o que quer aprender são muito importantes para que seus conhecimentos progridam. Leia com atenção as palavras desse autor:

> *Por não acreditar nem no inatismo das estruturas cognitivas, nem numa simples submissão aos objetos, acentuo especialmente as atividades do sujeito. O conhecimento, na sua origem, não vem dos*

> *objetos nem do sujeito, mas das interações – inicialmente indissociáveis – entre sujeito e esses objetos.*
> (Piaget, citado por Seber, 1997, p. 60)

Percebemos como Piaget destaca a questão da experiência, pois sem ela não há aprendizagem, na visão dele. Cada nova experiência pode gerar muitos conhecimentos, como um grande e contínuo ciclo. Para Naspolini (1996, p. 183), "isso significa que existe uma relação ativa (ação) da pessoa que aprende com o mundo [...] e, ao agir sobre os objetos, tanto os objetos quanto os sujeitos se transformam".

> **Para refletir**
>
> Piaget e os estudiosos de sua teoria escreveram muitos livros, e são fartos os materiais de pesquisa sobre esse renomado autor. Recomendamos uma leitura mais ampla sobre a teoria de Jean Piaget, uma vez que, por sua complexidade, não é possível esgotá-la neste estudo.

Em sua teoria, Piaget (1983) afirma que as pessoas passam por diferentes estágios desde o momento em que nascem até a idade adulta. O autor ressalta que esses estágios sempre serão sucessivos, ou seja, os indivíduos vivenciam essas quatro etapas em sequência, havendo variação somente nas idades de começo e fim de cada um dos estágios, considerando-se as estruturas cognitivas de cada pessoa e a variedade de estímulos disponíveis. Os estágios do desenvolvimento propostos por Piaget (1983) são:

- **1º estágio – sensório-motor (recém-nascido e lactente – 0 a 2 anos)**: a criança conquista seu mundo por meio da percepção e dos movimentos, de todo o universo que a cerca.
- **2º estágio – pré-operatório (1ª infância – 2 a 7 anos)**: o mais importante é o aparecimento da linguagem, que irá acarretar as modificações nos aspectos intelectual e afetivo-social da criança (interação social).
- **3º estágio – período das operações concretas (a infância propriamente dita – 7 a 11 ou 12 anos)**: a criança apresenta a capacidade de reflexão, que é exercida a partir de situações concretas no seu desenvolvimento mental; ela adquire uma autonomia crescente em relação ao adulto, passando a organizar os próprios valores morais.
- **4º estágio – período das operações formais (adolescência – 12 anos em diante)**: passagem do pensamento concreto para o pensamento formal, abstrato; o indivíduo realiza as operações no plano das ideias, sem precisar de manipulação ou referenciais concretos. É capaz de lidar com conceitos como liberdade, justiça etc. e criar teorias sobre

o mundo, principalmente sobre os aspectos que gostaria de reformular. Sua capacidade de reflexão espontânea, quando descolada da realidade, pode levá-lo a tirar conclusões de puras hipóteses.

A teoria de Piaget apresenta ainda alguns conceitos muito importantes para a educação e para o contexto de alfabetização. São eles: equilibração, adaptação, acomodação, assimilação e desequilíbrio. Vamos construir esses conceitos por meio de um exemplo.

> **Exemplo prático**
>
> Suponhamos que uma criança de aproximadamente 5 anos, de nome Karina, conhece as letras de seu nome. Podemos dizer, com palavras da teoria de Piaget, que Karina já tem em sua estrutura cognitiva um esquema para o que se convencionou chamar de *letra K* (ter uma estrutura cognitiva significa, em linhas gerais, conhecer). Em um contexto escolar, Karina é convidada a escrever a palavra *casa* e prontamente escreve *ksa*. Pela semelhança entre os sons, a criança tenta adaptar os elementos do novo som apresentado (*casa*) às referências (estruturas cognitivas) que já tem (K).
> Essa criança passou pelo processo que Piaget chama de *assimilação*: ela usou as referências que já tinha (a letra de seu nome) e escreveu a sílaba *ca* com a letra K,

uma vez que essa sílaba e o nome da referida letra têm o mesmo som. "A assimilação é o processo cognitivo pelo qual uma pessoa integra (classifica) um novo dado perceptual, motor ou conceitual às estruturas cognitivas prévias" (Wadsworth, 2003, p. 45). Para Karina, a escrita está correta, porque é isso que suas estruturas cognitivas permitem que ela escreva nesse momento.

Quando da comparação de sua escrita com outra sistematizada (escrita convencional), ao visualizar que a primeira sílaba da palavra *casa* se escreve com as letras *ca* e não K, cria-se um conflito externo ou desequilíbrio. Karina tem, então, suas certezas abaladas e não consegue entender o novo estímulo de imediato. Nesse momento, é preciso modificar-se, criar outra estrutura cognitiva ou adaptar as que já existem, para que comportem outro conhecimento: o som de *ca* é escrito de um modo diferente do que Karina pensava. Caracteriza-se, assim, o processo chamado *acomodação*. Naspolini (1996, p. 184) define a acomodação como o "processo de modificação do sujeito", a ação do sujeito de modificar ou alterar suas estruturas cognitivas para que comportem o novo conhecimento.

Ao compreender que a sílaba *ca* compõe a palavra *c-a-s-a*, Karina realiza o processo mental de acomodação. Sua mente vai tanto modificando quanto criando estruturas para que ela possa compreender o mundo em que vive e suas particularidades.

> É muito importante salientar que o desequilíbrio é fundamental para o crescimento da criança. No impasse do desequilíbrio, Karina cresceu e equilibrou seus conhecimentos novamente. Porém, isso ocorrerá até acontecer o próximo desequilíbrio, quando começa tudo de novo, em um ciclo sem fim, em um eterno aprender.

Naspolini (1996, p. 34) alerta para o fato de que a prática escolar, segundo Piaget, precisa contar com um professor que crie condições para que a criança "realize trocas verbais e se sinta encorajada a prosseguir diante de questões desafiadoras, ou seja, sua função é solicitar a reflexão da criança a todo momento".

A teoria de Vygotsky, muito conhecida nos meios educacionais pelo título de *histórico-social* ou *histórico-crítica*, afirma ser determinante para o desenvolvimento e a aquisição de conhecimentos dos indivíduos a relação deles com outras pessoas, destacando principalmente a função da linguagem nesse contexto.

Vygotsky defende que o homem se faz homem na interação com seus semelhantes, sendo seu eu formado mediante as relações que estabelece com as outras pessoas. **Interação** é a palavra-chave para esse pensador bielorrusso, e isso impulsiona nossa reflexão sobre a importância da interação da criança com os outros que a cercam para o desenvolvimento de sua linguagem. "As interações da criança com as pessoas de seu ambiente desenvolvem-lhe, pois, a fala interior, o pensamento reflexivo e o comportamento voluntário" (Vygotsky, 1984, p. 101).

A teoria de Vygotsky (1984) destaca que é preciso considerar dois níveis de desenvolvimento: o **real** e o **potencial**.

Real

Entende-se por *nível de desenvolvimento real* aquela aprendizagem que já se tornou conhecimento, aquilo que a pessoa já sabe (pense em alguma coisa que você aprendeu e já sabe fazer, como tocar piano, pentear o cabelo ou andar de bicicleta). No caso das crianças, trata-se daquilo que ela já sabe fazer sozinha, de forma independente (cortar com a tesoura, por exemplo).

Potencial

A zona de desenvolvimento potencial refere-se ao que a criança ainda não consegue fazer sozinha, porém pode fazer com a mediação de outra pessoa (que pode ser um adulto ou não).

O que se destaca na teoria de Vygotsky é o que conhecemos como **zona de desenvolvimento proximal (ZDP)**, que, nas palavras do próprio autor, é a "distância entre seu desenvolvimento real, que se costuma determinar através da solução independente de problemas, e o nível de seu desenvolvimento potencial, determinado através da solução de problemas sob a orientação de um adulto ou em colaboração com companheiros mais capazes" (Vygotsky, 1988, p. 35).

É na ZDP que devemos pautar nossos esforços educativos, pois, como afirma Vygotsky (1988, p. 15), "aquilo que é zona de desenvolvimento proximal hoje será o nível de desenvolvimento real amanhã – ou seja, aquilo que uma criança pode fazer com assistência hoje, ela será capaz de fazer sozinha amanhã".

A ZDP, como o próprio nome sugere, sempre está próxima do que a criança já sabe (real), e isso reafirma uma prática há muito difundida nas escolas: **devemos sempre, como professores, partir do conhecimento que o aluno já tem**. Observe a Figura 1.2 e reforce sua aprendizagem sobre Vygotsky.

FIGURA 1.2 – ZONA DE DESENVOLVIMENTO PROXIMAL (ZDP)

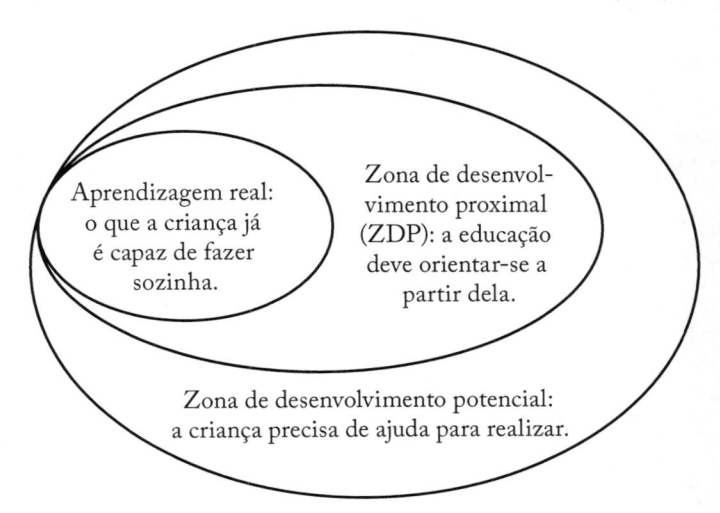

Fonte: Elaborado com base em Vygotsky, 1988.

Para traçarmos um paralelo com as práticas diárias dos professores de crianças e, em linhas gerais, trazermos o pensamento de Vygotysky para a escola, temos de trabalhar com três vertentes: interação, linguagem e ZDP.

Não se trata obviamente de somente deixar que as crianças se relacionem sozinhas umas com as outras – embora isso possa ser bom algumas vezes, via de regra, é necessária a mediação intencionalmente educativa do adulto. A mediação visa ampliar os conceitos e a linguagem da criança.

> *O professor é o mediador entre o conhecimento sociocultural presente na sociedade e o aluno. Sendo o processo ensino-aprendizagem constituído na interação, o professor está atento e aberto às dúvidas, impasses, curiosidades, formulando sínteses, discutindo significados e ultrapassando limites.*
> (Naspolini, 1996, p. 189)

O principal é conversar com a criança, falar com ela, e não somente "falar **para** ela". Por que estabelecer uma diferença entre "conversar/falar **com**" e "falar **para**"? Porque "conversar com alguém" seria a **interação**, olhar no olho, estar disposto a ouvir seus argumentos, contra-argumentar, provocar reflexões, ao passo que "falar **para** alguém" consistiria naquelas conversas impessoais, normalmente quando o professor fala com a sala toda ou, até mesmo, quando fala com uma criança sem admitir que ela argumente, querendo que apenas ouça.

Infelizmente, muitas vezes, o professor somente fala para a criança, sem se importar com quem ouve, ou seja, aquilo que sua fala causa em quem o está ouvindo. Não podemos esquecer, como bem lembra Naspolini (1996, p. 189) a respeito dos principais postulados da teoria de Vygotsky, que "o homem é um ser social e histórico. Transforma o meio e é por ele transformado. Estabelece relações com o mundo servindo-se de mediações presentes nele e no seu grupo sociocultural. Constrói sua individualidade a partir da interação com o outro".

É dessa interação, intencional por parte do professor, por assim dizer, que estamos falando. A proposta do ato de educar (nesse caso, como forma de desenvolver a linguagem) pode e deve aparecer nas pequenas conversas. Veja o que afirma Oliveira (1993, p. 56) sobre isso: "Para Vygotsky, a ideia de aprendizado inclui a interdependência dos indivíduos envolvidos no processo. O termo que ele utiliza em russo (*obuchenie*) significa algo como 'processo de ensino-aprendizagem', incluindo sempre aquele que aprende, aquele que ensina e a relação entre essas pessoas".

De certa maneira, o professor deixa então de ser o **"dono do saber"** para ser um parceiro na busca de conhecimentos (antes e primeiro, o conhecer o outro), alguém com uma **"escuta sensível"**, o que Barbier (2004, p. 94) define como *um "escutar/ver" que [...] pende para o lado da atitude mediativa. A escuta sensível apoia-se na empatia. O pesquisador deve saber sentir os universos afetivos, imaginários e cognitivos do outro para "compreender do interior" as atitudes e os comportamentos, o sistema de ideias, de valores, de símbolos e de mitos ou a "existencialidade interna", na minha linguagem.*

O simples ato de falar com a criança (seja para elogiá-la, seja para lhe dar uma explicação conceitual, mas sempre com a predisposição de também ouvir e suscitar reflexões) é um ótimo recurso para desenvolver sua linguagem e propiciar-lhe uma excelente ferramenta para o processo de ensino-aprendizagem. Ao falarmos com a criança, estamos interagindo com ela e possibilitando que se desenvolva.

> Foi possível perceber a coerência dessa proposta com o pensamento de Vygotsky?

Kramer (2001, p. 128) traz à tona dois elementos pertinentes à reflexão sobre o conceito de ZDP:

a primeira é que, ao confinarmos as crianças apenas em grupos por idades, ao buscarmos turmas supostamente homogêneas, estamos quase que impedindo que as trocas, os desafios, o crescimento sejam suscitados.

[...] *a segunda reflexão diz respeito ao próprio potencial criador de trabalho com nossos professores. Professores que têm experiências, que trazem conhecimentos, que produzem linguagem, mas que podem (e precisam) ter essas experiências, esses conhecimentos, essa linguagem ampliados.*

[...] *Certamente esse potencial não pode se expressar e se tornar vivo em treinamentos tipo repasse mecânico de informações, onde o que se espera é que uma plateia silenciosa de professores fique convencida de que se traz uma boa saída mágica para seus problemas.*

Vamos trazer a primeira reflexão proposta por Kramer para o contexto da alfabetização: temos clareza de que a organização dos alunos em classes de alfabetização é um assunto que gera polêmica entre os profissionais da educação, mas essa reflexão precisa ser feita. Se a aprendizagem depende das interações da criança e das relações que vai estabelecer com seu grupo e uma criança avança em suas aprendizagens à medida que se depara com desafios, seria ingenuidade supor que, ao estudar em classes homogêneas (em que todos os alunos estão aparentemente na mesma etapa de aprendizagem), a criança teria possibilidade de progredir mais rapidamente, evoluindo de modo idêntico ao de seus colegas de sala (Monteiro; Franco, 2005). Estamos apontando justamente o contrário disso: a riqueza da diversidade pode ser um excelente recurso para o trabalho da alfabetização, mas o professor precisa saber explorá-la adequadamente.

Na outra reflexão proposta pela autora acerca da ZDP, a temática diz respeito à formação de professores, questão amplamente discutida nos meios educacionais. Não pretendemos aqui discorrer sobre esse assunto, e sim destacar que não é possível uma educação de qualidade sem professores de qualidade. Portanto, professor, mãos à obra: leia, crie, reflita, estude, comente. Busque assuntos de seu interesse e do interesse de seus alunos. Conheça práticas diferenciadas que podem fazer diferença em sua ação e, com isso, vá melhorando a cada dia. Não existe formação completa, estamos sempre em formação. Quanto mais estudamos, mais descobrimos que temos o que estudar. Assim, nunca paramos de crescer e de melhorar. Com certeza, nós e nossos alunos ganhamos muito com isso.

Agora, que tal acompanhar um breve paralelo entre os pensamentos de Piaget e Vygotsky com relação à linguagem, fundamentado em Kramer (2001)? Confira o boxe a seguir.

Comparação entre Piaget e Vygotsky: linguagem

Papel da linguagem na construção do conhecimento

Piaget

O pensamento, o raciocínio, as estruturas lógicas é que fazem com que o sujeito seja capaz ou não de compreender a linguagem que vem do exterior. Assim, é a etapa do desenvolvimento da criança que determina se ela internalizará ou não aquele dado que vem de fora. A linguagem é importante, mas não é suficiente para fazer evoluir a construção do conhecimento.

Vygotsky

Pensamento e linguagem não são dicotômicos, mas caminham juntos na interiorização do mundo exterior. O papel do outro (adulto ou criança) é fundamental para a construção da consciência. E esse papel é exercido pela linguagem.

Processo de construção da linguagem pelas crianças

Piaget

A linguagem egocêntrica (quando as crianças falam sozinhas ou com crianças da mesma idade – em torno de 3 anos de idade) não tem troca com o outro inicialmente. O nível de desenvolvimento da criança é que faz com que, pouco a pouco, ela vá trocando sua linguagem com os outros.

> **Vygotsky**
>
> A linguagem **é** social, **não se torna** social. O que configura a existência da linguagem, muito mais que a expressão oral, é a troca que ocorre não só nas palavras, mas nos gestos, nos olhares e, até mesmo, no choro. Assim, mesmo antes de poder traduzir em palavras o que deseja ou está sentindo, a criança já se comunica por meio de outras linguagens. Por isso se afirma que a linguagem é social: trata-se do alicerce da comunicação.
>
> ---
>
> **Mas qual é a relevância disso para ensinar alguém a ler e a escrever?**
>
> O momento em que é necessário falar com a criança, ouvir o que ela tem a dizer e, com isso, ajudá-la a desenvolver sua linguagem e suas aprendizagens é de enorme relevância.

Como dito inicialmente, há muitas formas de linguagem, entre elas a oral e a escrita (determinantes no contexto da alfabetização propriamente dita). O que cabe destacar é que **o professor tem de ter exata noção de que, antes de aprender a escrever determinada ideia, a criança já aprendeu a "falar" aquela ideia**. Para isso, ela utiliza outro mecanismo e outras palavras, é verdade, mas, ainda assim, a ideia já pode ser comunicada. Por isso, costuma-se dizer que, ao entrar no que a escola convencionou chamar de *período de alfabetização* (mais ou menos aos 5 ou 6 anos), a criança não está desprovida de significados.

> **Importante!**
> É preciso considerar que estamos falando do contexto da alfabetização, pois, desde que nasce e vai passando por vivências, a criança forma seus significados e cria suas experiências com base naquilo que foi vivenciado.

A criança já tem as ideias, apenas ainda não sabe escrevê-las da maneira convencional. Segundo Naspolini (1996, p. 189), "o desenvolvimento do homem se inicia com o nascimento. Sendo assim, quando a criança chega à escola já percorreu um longo caminho, tanto no desenvolvimento quanto na aprendizagem. Portanto, a aprendizagem escolar não começa no vazio". Novamente, podemos perceber aí as teorias de Piaget e Vygotsky.

1.3 EMILIA FERREIRO E O PROCESSO DE CONSTRUÇÃO DA ESCRITA

É praticamente impossível falar em alfabetização sem falar em Emilia Ferreiro.

Pesquisadora argentina radicada no México, Emilia Ferreiro revolucionou o conhecimento que se tinha sobre alfabetização quando publicou suas pesquisas, em 1979 (no Brasil, em 1985), juntamente com Ana Teberosky, no livro *Psicogênese da língua escrita*.

A obra, encarada por muitos autores e profissionais da educação do Brasil como uma verdadeira revolução nos conceitos até então conhecidos sobre alfabetização, é fruto de uma pesquisa feita pela autora com crianças e descreve o processo pelo qual a escrita se constitui como objeto de conhecimento para a criança.

Como ensinar		Como aprender
Foco no professor	**X**	Foco no aluno

Antes de Ferreiro, a alfabetização já era muito discutida, mas sempre sob a perspectiva de "**como ensinar**". O grande diferencial dessa teoria é que a autora mudou o foco da alfabetização para "**como aprender**" (Weisz, 2005). A pesquisa tinha o intuito de descobrir como o infante aprende a escrever, quais mecanismos utiliza até chegar à escrita convencional, tirando da escola o monopólio da alfabetização e voltando o foco dessa prática para o ser que aprende.

> **Preste atenção!**
> Como discípula de Piaget, ao estudar as formas pelas quais as crianças constroem sua escrita, Ferreiro colocou como motor dessa aprendizagem o próprio sujeito, ativo e inteligente, conforme Piaget descreveu.

Desse modo, a nova teoria contrapôs-se ao modelo de alfabetização vigente, mostrando que não existe a necessidade de a criança repetir exercícios mecânicos, uma vez que isso não basta para uma alfabetização plena. É preciso considerar que há um movimento interno no sujeito que aprende que o faz refletir sobre o que está construindo. Quando somente copia ou segue um modelo preestabelecido (como era aplicado nas práticas de alfabetização), o aluno não reflete e não pode ser considerado ativo.

> *Um sujeito intelectualmente ativo não é um sujeito que "faz muitas coisas", nem um sujeito que tem uma atividade observável. Um sujeito ativo é um sujeito que compara, exclui, ordena, categoriza, reformula, comprova, formula hipóteses, reorganiza etc., em ação interiorizada (pensamento) ou em ação efetiva (segundo seu nível de desenvolvimento). Um sujeito que está realizando algo materialmente, porém, segundo as instruções ou o modelo para ser copiado, dado por outro, não é, habitualmente, um sujeito intelectualmente ativo.*
> (Ferreiro; Teberosky, 1985, p. 29)

Então, de repente, o panorama da alfabetização brasileira se abriu para a concepção de que o aluno precisa pensar e agir para ser alfabetizado (Weiz, 2005). **Talvez isso pareça conhecido para você, mas não se esqueça do contexto da época.** Weisz (2005, p. 84) explica o seguinte sobre o momento histórico em que as ideias de Ferreiro foram divulgadas:

> *Era ideia corrente nos anos [19]70 que havia pré-requisitos para que alguém pudesse aprender a ler e escrever. Esses pré-requisitos se constituíam em um conjunto de habilidades perceptuais conhecidas como "prontidão para a alfabetização". Ou seja, as crianças precisavam alcançar uma maturidade, uma "prontidão" (do inglês* readiness*) sem a*

qual nem valia a pena ensiná-las. Dessa maneira, as escolas aplicavam às crianças um conjunto de exercícios que serviam também para avaliar o desempenho em relação a essas habilidades. (O teste ABC, de Lourenço Filho, importante educador brasileiro, foi um dos precursores). A partir dessas avaliações, a escola podia decidir se o aluno frequentaria uma classe regular ou uma classe especial, onde ficava restrito a esse tipo de exercício. Isso, vemos hoje, significava negar-lhe a autorização de acesso à escrita. Eram as classes de prontidão, onde a escrita e a leitura eram evitadas e as crianças ficavam, às vezes por anos, fazendo exercícios.

Importante observar que, nessa época, os exercícios de prontidão definiam a alfabetização como uma mera transmissão de técnicas, existindo uma crença de que isso era o melhor a fazer para ensinar crianças a ler e a escrever. Essa prática baseada na repetição de exercícios, geralmente, levava a uma alfabetização da decodificação, não necessariamente do entendimento. A criança lia, mas não entendia e apresentava muitas dificuldades para escrever.

A proposta de Ferreiro foi surpreendente: ela descobriu em sua pesquisa que as crianças passam por níveis conceituais diferentes e sequenciais ao aprender a escrever. Essa concepção fez com que os conceitos de construção de **escrita** e de **erro** fossem alterados.

Vejamos, a seguir, quais foram os níveis identificados por Ferreiro a fim de entender de que modo esses conceitos foram modificados a partir da classificação dos níveis de desenvolvimento propostos pela autora, conforme explicado por Cócco e Hailer (1996).

Nível pré-silábico

Neste nível, a escrita da criança não tem correspondência com o som. Ela registra **garatujas**[a], desenhos sem configuração e, mais tarde, desenhos com figuração. Na sequência, registra símbolos e pseudoletras (traçado que reflete seu modo particular de escrever: bolinhas, risquinhos etc.) misturadas com letras e números. No final desta fase, começa a diferenciar letras de números, desenhos ou símbolos e reconhece o papel das letras na escrita. Percebe que as letras servem para escrever, mas não sabe como isso ocorre. A palavra *abacaxi* pode ser escrita assim: "aiunoaxf".

Nível silábico

Ao escrever, a criança conta os "pedaços sonoros" – as sílabas das palavras e das frases – e usa uma letra para representar cada sílaba. As letras podem ou não

---

a. Em linhas gerais, esse termo se refere aos primeiros rabiscos infantis.

ter valor sonoro convencional. Por exemplo, a criança pode escrever *boneca* como sendo "bnc" ou mesmo "oea" (nesse caso, com valor sonoro correspondente) ou, ainda, "fgr" (uma letra para cada sílaba sonora, mas sem correspondência com o som convencional). A criança escreve somente com vogais, ou somente com consoantes, ou utilizando vogais e consoantes, mas sempre com uma representação (letra) para cada sílaba ou frase.

Nível silábico-alfabético

A certeza do nível silábico é quebrada quando a criança compara escritos ou percebe que os adultos não conseguem ler o que ela escreve. Ela, então, avança para outra fase, na qual o valor sonoro torna-se fundamental, e começa a acrescentar letras principalmente na primeira sílaba. A palavra boneca, por exemplo, é escrita assim: "bonc", e não mais "bnc" (escrita silábica). Nesse momento, a criança encontra-se perto da escrita alfabética e, quanto mais refletir, escrever e comparar suas escritas, mais próxima estará do último nível.

Nível alfabético

A criança agora consegue ler e expressar graficamente o que pensa ou fala. Porém, escreve foneticamente (ou seja, faz a relação entre o som e a letra) e ainda não consegue escrever ortograficamente. Por isso, são comuns palavras escritas com pequenos "erros", como em "ipopotamo" (hipopótamo).

QUADRO 1.1 – CLASSIFICAÇÃO DOS NÍVEIS DE DESENVOLVIMENTO DA CRIANÇA DE ACORDO COM EMILIA FERREIRO

	Pré--silábico	Silábico	Silábico--alfabético	Alfabético
Boneca	(garatuja)	bnc/oea	bonc	boneca
Hipopótamo	(garatuja)	iooao	popotmo	ipopótamo

Depois de acompanhar os estudos de Ferreiro, voltemos às duas questões que ficaram sem resposta: dissemos anteriormente que, com a publicação dos estudos da autora, o conceito de escrita foi alterado significativamente, pois aquilo que se considerava como "rabisco" já pode ser chamado de *escrita*. Correto? Na verdade, os primeiros rabiscos, elementos presentes na fase inicial da escrita, já são uma forma de a criança, como sujeito pensante, elaborar tentativas de escrever convencionalmente e que não deixa de ser considerada escrita. **Os "rabisquinhos" são, então, escritas pré-silábicas.**

Outro conceito que sofreu alteração foi o de erro. Antes do conhecimento adquirido com as pesquisas de Ferreiro, as formas de escrita diferentes da convencional eram classificadas como erradas, isto é, o aluno havia cometido um erro na tentativa de escrever. **As pesquisas de Ferreiro trouxeram outra visão sobre esse "erro", mostrando que, na verdade, as escritas que eram consideradas "erradas" são parte do processo de aprender a escrever "certo".**

SÍNTESE

Buscamos demonstrar que, para podermos desenvolver um bom trabalho alfabetizador, precisamos nos pautar em fortes referências, como as apresentadas aqui. Porém, rever, refletir e estudar faz parte da missão do professor. O estudo não pode encerrar-se nestas páginas. Sinta-se desafiado e procure mais leituras sobre o assunto. Não se esqueça de que, para poder propiciar situações de ensino-aprendizagem que desenvolvam as linguagens de seus alunos, é necessário estudar os teóricos, porque as opções metodológicas que fazemos são reflexos dos conhecimentos teóricos que temos. Não basta termos grandes ideias, é preciso que elas estejam embasadas em concepções fortes e seguras.

Neste capítulo, abordamos um pouco das teorias de Piaget e Vygotsky, dois autores conhecidos e respeitados pela comunidade acadêmica brasileira e que têm muitas contribuições a dar sobre o desenvolvimento da linguagem. De um lado, Piaget, com seus estudos sobre o desenvolvimento cognitivo; de outro, Vygotsky, com seu caráter social. As teorias desses autores não são contraditórias, como você mesmo viu aqui, e sim estabelecem objetos de estudo diferentes. Piaget deu ênfase ao cognitivo; Vygotsky, ao social. Também apresentamos a teoria de Emilia Ferreiro e as fases pelas quais as crianças passam para aprender a escrever. É válido destacar que essa autora não escreveu nenhum método de alfabetização, como muitos educadores dizem erroneamente. Esperamos que seus conceitos de erro e de escrita tenham sido revistos e que você tenha aproveitado os conhecimentos adquiridos.

INDICAÇÕES CULTURAIS

FILME

OLHA quem está falando. Direção: Tom Ropelewski. EUA: TriStar Pictures, 1989. 82 min.

Nesse filme, uma contadora é abandonada grávida pelo namorado e conhece um taxista que, além de ajudá-la no parto, acaba se apaixonando por ela e pelo seu filho. Na época, essa produção trouxe uma inovação às telas, pois apresenta um bebê cujos pensamentos são revelados ao telespectador. Ele mostra sua interpretação sobre as coisas de seu mundo, sobre as pessoas adultas e a forma como se relacionam com ele. Assistir a esse filme é uma oportunidade de imaginar como os bebês reagem às atitudes dos adultos, além de se divertir com o desfecho da história.

LIVRO

ROCHA, R. O menino que aprendeu a ver. São Paulo: FTD, 1998.

Esse livro apresenta o processo pelo qual o menino João passa para entender que os grafismos sem sentido que ele vê em seu caminho diário são, na verdade, letras e palavras que constroem significados. O livro é a representação do processo de aprender a ler.

VYGOTSKY, L. Pensamento e linguagem. São Paulo: M. Fontes, 1988.

Recomendamos esse livro porque ele amplia o conhecimento sobre as ideias do autor e a relação entre a linguagem e o pensar.

ATIVIDADES DE AUTOAVALIAÇÃO

[1] Com relação às teorias de Piaget e Vygotsky e à contribuição deles para o trabalho de alfabetizadores, é possível afirmar que:
   [A] são de pouca importância, uma vez que nenhum dos dois autores era professor nem alfabetizava crianças.
   [B] são fundamentais, pois possibilitam que conheçamos como se processa o desenvolvimento do pensamento infantil e quais são as implicações disso para a linguagem das crianças que pretendemos alfabetizar.

[C] são irrelevantes para a alfabetização, uma vez que as teorias desses autores são de difícil compreensão.

[D] apresentam muitas novidades em suas teorias, mas nenhuma delas pode auxiliar a alfabetização de crianças.

[2] Analise as afirmações a seguir sobre o processo de aprendizagem da escrita e classifique-as como verdadeiras (V) ou falsas (F).

[ ] A diferença fundamental entre a escrita pré-silábica e a escrita silábica é que, na primeira, a criança tem a noção da correspondência entre fonema e grafema.

[ ] É fundamental que o professor tenha conhecimento das fases pelas quais a criança passa para aprender a escrever convencionalmente, a fim de poder intervir de forma adequada e ajudá-la a chegar à escrita alfabética.

[ ] *Sensório-motor, pré-operatório, operatório concreto* e *operatório formal* são os nomes dados aos níveis de construção da escrita infantil, segundo Emilia Ferreiro.

[ ] As fases que compõem o processo de construção da escrita da criança foram mapeados por Jean Piaget.

Agora, assinale a alternativa que apresenta a sequência correta:

[A] V, V, F, F.
[B] V, V, F, V.
[C] V, F, F, F.
[D] V, F, V, F.

[3] Analise as afirmações a seguir sobre as teorias de Piaget e Vygotsky e classifique-as como verdadeiras (V) ou falsas (F).

[ ] Para a alfabetização, é importante considerar, de um lado, Piaget, com seus estudos sobre o desenvolvimento cognitivo, e, de outro, Vygotsky, com sua ênfase no caráter social.

[ ] As ideias de Vygotsky não são válidas para a educação atual, tendo em vista a diferença entre a sociedade em que vivemos e aquela em que o autor vivia, contexto no qual foram produzidas suas pesquisas.

[ ] Em linhas gerais, para trazermos o pensamento de Vygotsky para a escola, temos de trabalhar com duas vertentes: interação e zona de desenvolvimento proximal (ZDP).

[ ] Vygotsky é um autor muito conhecido no Brasil, estando, muitas vezes, presente em cursos e palestras no Brasil com o intuito de capacitar os professores em sua teoria.

Agora, assinale a alternativa que apresenta a sequência correta:

[A] V, V, F, F.
[B] V, V, F, V.
[C] V, F, F, F.
[D] V, F, V, F.

[4] Analise as afirmações a seguir sobre as contribuições teóricas de Emilia Ferreiro e Piaget e classifique-as como verdadeiras (V) ou falsas (F).

[ ] Antes de Emilia Ferreiro, a alfabetização já era muito discutida, mas sempre sob a perspectiva de "como aprender".

[ ] Emilia Ferreiro revolucionou a visão que se tinha sobre alfabetização quando propôs alfabetizar a criança em três anos consecutivos.

[ ] A ZDP é um conceito criado por Jean Piaget para explicar a "distância entre seu desenvolvimento real, que se costuma determinar através da solução independente de problemas, e o nível de seu desenvolvimento potencial, determinado através da solução de problemas sob a orientação de um adulto ou em colaboração com companheiros mais capazes".

[ ] É de Emilia Ferreiro o mérito da criação da ZDP, que se originou em sua pesquisa com crianças no México.

Agora, assinale a alternativa que apresenta a sequência correta:

[A] V, V, F, F.
[B] V, V, F, V.
[C] V, F, F, F.
[D] V, F, V, F.

[5] Com relação à teoria de Emilia Ferreiro, marque a frase que mais se aproxima da definição dos efeitos causados por essa concepção na educação brasileira:

[A] Pode-se afirmar, com certeza, que, depois dos estudos de Emilia Ferreiro, a prática pedagógica brasileira nunca mais foi a mesma.

[B] A teoria de Emilia Ferreiro causou um alvoroço somente entre os professores das universidades, pois estes tinham acesso a essa nova concepção.

[C] Pode-se afirmar, com certeza, que os estudos de Emilia Ferreiro provocaram uma revolução nas ideias pedagógicas sobre alfabetização.

[D] A teoria de Emilia Ferreiro não teve efeito na educação brasileira.

ATIVIDADES DE APRENDIZAGEM

QUESTÕES PARA REFLEXÃO

[1] Em duplas, reflitam sobre a seguinte afirmação: "A alfabetização amplia o conhecimento de crianças, jovens

e adultos, aumentando a autoestima e as possibilidades de uma vida melhor". Vocês concordam com isso? Busquem em suas vivências exemplos que possam justificar sua resposta.

[2] Em duplas, leiam com atenção o trecho que segue:

Emilia Ferreiro não criou um método de alfabetização, como ouvimos muitas escolas erroneamente apregoarem, e sim procurou observar como se realiza a construção da linguagem escrita na criança. Os resultados das pesquisas de Emilia Ferreiro permitem que, conhecendo a maneira com que a criança concebe o processo de escrita, as teorias pedagógicas e metodológicas apontem caminhos, a fim de que os erros mais frequentes daqueles que alfabetizam possam ser evitados, desmistificando certos mitos vigentes em nossas escolas. (Ferrari, 2008)

Antes de estudar esse assunto neste livro, vocês já conheciam a teoria de Emilia Ferreiro? Como os estudos dessa autora podem ajudar em sua prática profissional?

ATIVIDADES APLICADAS: PRÁTICA

[1] Com o intuito de pesquisar os níveis de escrita, dite para crianças de 3 a 7 anos algumas palavras (*menino, formiga, anel, sol, hipopótamo*) e peça para que elas

as escrevam "do jeito delas". Depois, com as escritas em mãos, analise-as tomando por base a teoria de Emilia Ferreiro, classificando-as nos níveis descritos pela autora.

[2] Pesquise mais sobre Vygotsky: você vai se surpreender com as informações encontradas nas obras desse pensador que podem ser empregadas em sala de aula. Depois, organize uma lista com as principais ideias identificadas e, a seguir, relacione-as com a prática pedagógica, descrevendo uma atividade que você possa realizar em uma sala de alfabetização e que contemple uma ou mais ideias presentes na pesquisa que você fez sobre Vygotsky. Sugerimos aqui a leitura do livro *Vygotsky, quem diria?! Em minha sala de aula*[b], de Celso Antunes, para essa pesquisa.

---

b. ANTUNES, C. **Vygotsky, quem diria?! Em minha sala de aula**. 10. ed. Petrópolis: Vozes, 2002. v. 12.

dois...

Alfabetização e letramento

Neste capítulo, abordaremos os diferentes métodos de alfabetização utilizados na educação brasileira, delineando diferenças entre eles e propondo uma reflexão sobre o alfabetizar com ou sem métodos. Além disso, discutiremos o conceito de *letramento*, relacionando-o às práticas realizadas no Brasil, e apresentaremos reflexões acerca da proposta da Base Nacional Comum Curricular (BNCC) para a alfabetização de crianças.

2.1 MÉTODOS DE ALFABETIZAÇÃO

Existem várias técnicas sistematizadas para ensinar uma criança a ler e a escrever. No Brasil, essas técnicas, organizadas ao longo dos anos, são denominadas *métodos de alfabetização*. Para entender o que é um método de alfabetização, é importante primeiro definir *método*, que, segundo o Dicionário Houaiss (Houaiss; Villar; Franco, 2001, p. 1910), é o "procedimento, técnica ou meio de se fazer alguma coisa, especialmente de acordo com um plano". Portanto, trata-se de uma maneira de sistematizar as ações pedagógicas em prol da alfabetização de crianças.

É importante salientar que cada método de alfabetização se constrói com base em duas concepções: (1) o que é linguagem; e (2) como a criança aprende. A escolha entre um ou outro método em nosso país é decorrente das concepções teóricas em destaque em determinado tempo histórico.

> **Importante!**
> Existem basicamente dois tipos de métodos de alfabetização: os **analíticos** e os **sintéticos**. Há, ainda, a possibilidade da combinação desses dois métodos, que resultaria no método **analítico-sintético**, também conhecido como *método misto* (Paraná, 1990).

Os **métodos sintéticos** são aqueles em que a alfabetização parte das menores unidades da língua (letras, fonemas e sílabas) para as maiores (palavras e frases). A alfabetização fica restrita ao reconhecimento das letras e de seu valor fonético. Como exemplo, podemos citar os métodos silábicos e os fonéticos (Paraná, 1990).

O **método analítico** inicia o processo de alfabetização por uma palavra, uma frase ou uma história (que apresenta uma palavra-chave), o que desencadeará o estudo das letras e dos sons que compõem a palavra escolhida. A alfabetização, nesse caso, estará completa quando a criança conhecer todas as famílias silábicas (termo utilizado para definir todas as possíveis junções de consoantes e vogais de nosso alfabeto) para poder escrever tudo o que quiser ou, nesse contexto, o que a escola quiser que ela escreva (Paraná, 1990).

Discorreremos sobre alguns métodos utilizados ao longo dos anos no país, tema sempre polêmico em nossa educação. No Brasil, a escolha entre um ou outro método, como afirmamos anteriormente, está relacionada às correntes teóricas que eram seguidas em determinado momento histórico.

Ressaltamos, contudo, que o simples fato de optar por um método para alfabetizar alguém (analítico, sintético ou misto) já resulta em uma escolha que vem acompanhada da convicção de que alfabetizar é sistematizar sons e grafias. Essa sistematização pode ser feita indiferentemente com letras, sílabas ou palavras-chave, pois de nada adianta a ação se prevalece a ideia de decodificação.

O material mais disseminado e amplamente usado pelos educadores para alfabetizar foram as cartilhas, que, apesar da aparente sistematização contida nelas, tratavam a língua como sequência de letras e sons, em um ensino no qual as palavras eram utilizadas, principalmente, por seu valor fonético, sem priorizar o contexto.

> De acordo com Mortatti (2000), a partir da segunda metade do século XIX, o Brasil já contava com algumas cartilhas escritas e produzidas no país; porém, foi no século XX que elas se difundiram, quando os órgãos dos governos estaduais aprovaram, compraram e distribuíram lotes delas para as escolas públicas alfabetizarem as crianças. As primeiras cartilhas traziam o método sintético, principalmente soletração e silabação. O ensino priorizava a ideia de que, para aprender a ler, a criança deveria conhecer primeiro o nome e a grafia de todas as letras, para depois juntar essas letras em sílabas e conhecer os sons; em um terceiro momento, as sílabas seriam agregadas e formariam palavras que comporiam frases. Nesse contexto, escrever era fazer caligrafia, copiar e realizar ditados, sempre com ênfase maior no desenho das letras (Mortatti, 2000).

Acompanhe no Quadro 2.1 um exemplo de "lição" de uma cartilha que se baseava no método sintético. Vamos reproduzir o que era feito apenas a partir da segunda lição, uma vez que a primeira, como já mencionamos, era referente à aprendizagem do nome e do traçado das letras.

QUADRO 2.1 – EXEMPLO DE LIÇÃO: MÉTODO SINTÉTICO

2ª lição	Vocábulos	Exercício
va ve vi vo vu ve va vo vu vi vo vi va ve vu vai viu vou	vo-vó a-ve a-vô o-vo vi-va vo-vo ou-ve u-va ui-va vi-vi-a vi-ú-va	vo-vó viu a a-ve a a-ve vi-ve e vô-a eu vi a vi-ú-va vi-va a vo-vó vo-vô vê o o-vo

Fonte: Mortatti, 2000, p. 43.

Perceba como as sílabas usadas (nesse caso, é retratada a família silábica da consoante V) e as palavras escolhidas para compor o texto reforçam o som de "v". Além disso, como é difícil entender o que o texto diz, tamanha a fragmentação em sílabas (se você sentiu dificuldade em ler, e já está alfabetizado há muito tempo, imagine uma criança que está aprendendo a ler). O exemplo dá uma dimensão do que era prioridade nesse método: a **decodificação**.

No século XX, as cartilhas eram fundamentadas no método analítico (processos de **palavração** e **sentenciação**). A publicação do livro *Instruções práticas para o ensino da leitura pelo methodo analytico – modelos de lições*, feita pela Diretoria Geral da Instrução Pública do Estado de São Paulo, no ano de 1915, tornou o método analítico institucionalizado (Mortatti, 2000). Acompanhe um exemplo de como era uma lição de acordo com o método analítico.

Exemplo de lição: método analítico

> **1ª Lição**
> Eu vejo uma menina.
> Esta menina chama-se Maria.
> Maria tem uma boneca.
> A boneca está no colo de Maria.
> Maria está beijando a boneca.
>
> Fonte: Mortatti, 2000, p. 44.

O método analítico insere no contexto educacional o conceito de que as habilidades do aluno devem ser consideradas. Há uma grande influência da psicologia e de técnicas de ensinar que priorizam as já citadas habilidades de ouvir, falar e escrever.

> A grande crítica era a de que, como os textos eram formados por uma pequena gama de palavras, digamos, "simples" (*gato*, *pato* e *boneca*, por exemplo), as crianças as decoravam e não aprendiam a ler de fato.

Instruções práticas para o ensino da leitura pelo methodo analytico – modelos de lições foi a cartilha que fundamentou as demais que foram produzidas até meados de 1930, quando então passaram a ser elaboradas sob o referencial teórico de um método misto – junção dos métodos analítico e sintético (Mortatti, 2000). Acompanhe o exemplo a seguir.

QUADRO 2.2 – EXEMPLO DE LIÇÃO: MÉTODO MISTO

11ª Lição	ca-va-lo ca-va-le-te
A u-va O o-vo	1. Es-te ca-va-lo é do Vi-ta-li-no.
va ve vi vo vu	2. Vi-ta-li-no é o meu ti-o.
via viu vão	3. Ele vi-ve na vi-la.
va-la | vi-va | va-le	4. O ca-va-lo tem o no-me de Vu-vu.
ve-la | vo-vô | va-ca	5. É um ca-va-lo bem bom.
vi-la | vi-via | ve-a-do	6. Va-mos, Vu-vu! Va-mos à vi-la.
vo-a | va-lia | vi-da vo-a-va	7. Va-mos, Vu-vu!
|| vi-ú-va	

Fonte: Mortatti, 2000, p. 45-46.

Voltamos à questão das sílabas desconexas e da dificuldade de entender o texto em virtude da fragmentação em sílabas.

O exemplo a seguir é parte de uma das cartilhas mais populares para a alfabetização, a *Caminho suave*. **Essa cartilha vendeu aproximadamente 40 milhões de exemplares no Brasil, ou seja, mais de um terço dos brasileiros adultos de hoje foram alfabetizados com ela** (Rosseti, 2007). Muitos se lembram dos desenhos que acompanhavam cada letra do alfabeto, como "B de *barriga*" e "F de *faca*".

A seguir, transcrevemos um texto retirado das páginas da *Caminho suave*, para melhor visualização do método de alfabetização utilizado (misto).

QUADRO 2.3 – MÉTODO MISTO DE ALFABETIZAÇÃO

Vejo uma bonita vaca.	
A vaca é a Violeta.	
Violeta é do vovô.	
Vovô bebe leite da vaca.	
vaca veio ôvo	va ve vi vo vu
cava vejo novo	va ve vu vo vu
cavalo vadio povo	V v <u>V v</u>
cavava vida vovô	
ouve viva vovó	
couve vivo vila	
uva voa vivi	
viúva voava viola	

Fonte: Mortatti, 2000, p. 46.

QUADRO 2.4 – MÉTODOS DE ALFABETIZAÇÃO

Analítico	Sintético	Analítico-sintético
Palavra-chave ↓ Estudo das letras e dos sons de uma palavra ↓ Famílias silábicas ↓ Frases	Grafia das letras ↓ Sílabas ↓ Frases	Pequena história ↓ Palavras com o fonema proposto ↓ Sílabas como fonema ↓ Letra

No Quadro 2.3, observe como se partiu claramente de uma pequena história, depois de palavras que remetem aos fonemas com a letra V e, finalmente, à letra V isoladamente.

A ideia de que é preciso aprender por método é reforçada pela premissa de acordo com a qual um método é utilizado para ensinar alguma coisa a alguém de modo que fique mais fácil aprender, correto? Mas nem sempre é (nem foi) assim na alfabetização; portanto, utilizar métodos para alfabetização é fruto de concepções diferentes das que estão vigentes hoje. Veja o que diz a consultora do Ministério da Educação (MEC) Lucia Lins do Rego:

> *Toda esta tradição estava vinculada a uma concepção de alfabetização segundo a qual a aprendizagem inicial da leitura e da escrita tinha como foco fazer o aluno chegar ao reconhecimento das palavras garantindo-lhe o domínio das correspondências fonográficas. [...] tratava-se de uma visão comportamental da aprendizagem que era considerada de natureza cumulativa, baseada na cópia, na repetição e no reforço. A grande ênfase era nas associações e na memorização das correspondências fonográficas, pois se desconhecia a importância de a criança desenvolver a sua compreensão do funcionamento do sistema de escrita alfabética e de saber usá-lo desde o início em situações reais de comunicação.* (Rego, 2023)

É importante resgatar que por trás de cada método de alfabetização existe a teoria do que deve ser aprendido, de qual é o objeto de ensino. Todos os métodos partem da ideia de que os alunos se apropriarão do conteúdo considerando o objeto de estudo, que aqui é a linguagem alfabética. Para essa aprendizagem, os métodos de alfabetização acabam propondo atividades repetitivas e descontextualizadas, apoiando-se na concepção equivocada de que o estudante aprende por repetição – ou, até mesmo, que a repetição o fará "despertar" para a leitura e a escrita.

Dessa maneira, quem utilizava e defendia as propostas de aprendizagem da escrita alfabética por métodos reforçava a ideia de que é preciso aprender por partes. E invariavelmente partes isoladas. Mas ampliemos esse pensamento: a ideia de que é preciso ensinar letras, fonemas, grafemas, traçados de letras, sons isolados vai na contramão das aprendizagens da vida, em que tudo acontece de forma contextualizada e simultânea (Morais, 2012). O que se ignora nessa perspectiva é que há a possibilidade de escrever textos sem o uso exclusivo de palavras, fonemas e grafemas que não foram treinados anteriormente[a].

É normal ter dúvidas sobre a organização e a sistematização do ensino da língua, mas é preciso recriar essa prática

---

a. A criança pode escrever sem usar letras mediante desenhos, rabiscos (chamados de *pseudoletras*) e, até mesmo, pela aplicação de letras aleatórias, que não apresentam a relação fonema-grafema – por exemplo, quando escreve palavras com as letras conhecidas de seu nome.

com reflexões que façam sentido. Novamente, é necessário pensar: Será que, ao limitar o repertório ensinado, aceitando e incentivando as produções no rol de possibilidades que a escola oferece, não se está minando no aprendente toda a chance de construção do sistema, da criatividade e da ousadia? Aqueles que afirmam que aprender por métodos é mais fácil para a criança podem dizer que têm alunos que são escreventes de qualidade?

2.1.1 ANALFABETISMO FUNCIONAL

Diante do fracasso demonstrado na alfabetização das crianças brasileiras, a educação nacional entrou em choque com os métodos de alfabetização. De maneira geral, os alunos que eram educados por esses métodos sabiam ler e escrever, mas não conseguiam compreender tudo o que liam e não escreviam muito mais do que frases soltas ou textos muito simples. Isso não acontecia só no Brasil, mas em outros países que tinham as mesmas bases de alfabetização.

O fracasso na formação de pessoas competentes para usar a linguagem escrita de seu país fez com que, no ano de 1978, a Organização das Nações Unidas para a Educação, a Ciência e a Cultura (Unesco) criasse o conceito de *analfabeto funcional*, fazendo referência às pessoas que, mesmo sabendo ler e escrever, não conseguiam utilizar a linguagem escrita na vida cotidiana como instrumento de melhoria pessoal ou profissional, já que nem sempre compreendiam o que liam. Esse conceito é utilizado até hoje.

O analfabeto funcional é reflexo, em grande parte, do resultado dos métodos utilizados para alfabetizar, que priorizavam as fragmentações do ensino, bem como das concepções sobre alfabetização que vigoraram por décadas, em que o formato do ensino era baseado no método, sem a contextualização das aulas e sem o uso de textos interessantes e variados para ampliar a visão do aprendente. Assim, índices de repetência e fracasso escolar mostram-se diretamente relacionados à dificuldade da escola em formar o aluno para a leitura e a escrita com competência. Por isso, a partir da década de 1980, a alfabetização passou a ser objeto de estudo de muitos pesquisadores com vistas à melhoria do processo. A necessidade de reformular as práticas educativas surgiu como um elemento importantíssimo não só para a efetiva qualidade do processo educativo como também para o próprio desenvolvimento do país (Brasil, 1997b).

Com os estudos publicados que retiravam a ênfase da alfabetização no "como se ensina" para colocar o foco nas reflexões sobre o "como se aprende" (principalmente os de Emilia Ferreiro), a alfabetização começou a ser concebida sob outro ponto de vista, que inclui a perspectiva de **letramento**, sem a presença de métodos de alfabetização.

Vamos analisar como se configuram as perspectivas de alfabetizar com e sem métodos no Quadro 2.5.

QUADRO 2.5 – DIFERENÇAS ENTRE AS CONCEPÇÕES DE ALFABETIZAÇÃO COM E SEM MÉTODOS

A alfabetização com métodos pressupõe que:	A alfabetização sem métodos pressupõe que:
As crianças aprendem passo a passo: do mais simples ao mais complexo, sequencial e cumulativamente. Hoje, uma letra, sílaba ou palavra, amanhã outra.	As crianças, em contato com a linguagem escrita de seu meio, elaboram ideias na tentativa de atribuir sentido à escrita. Essas ideias mudam no contexto do ensino. Não é um processo passo a passo, e sim de construção e reconstrução.
No começo do processo de ensino, as crianças não sabem nada e é preciso ensinar-lhes tudo.	Para a aprendizagem, é muito importante a ideia da criança sobre o que é escrever.
Não se pode querer compreender o escrito sem dominar a chave da decifração. Não se podem construir textos sem dominar o código de transição do sistema alfabético.	É possível escrever textos mesmo antes de dominar o código alfabético. Os textos constituem a unidade comunicativa básica. Dessa forma, a linguagem escrita está relacionada, desde o início, à sua função fundamental: comunicar.

A escrita é uma, apenas uma (ao menos para nós), e não se pode inventar, só reproduzir.	Além das características do sistema alfabético, as crianças aprendem as características próprias da linguagem escrita que se usa em diferentes situações, com distintas finalidades e em diferentes tipos de texto.

Fonte: Elaborado com base em Curto; Morillo; Teixidó, 2000.

Novamente, é preciso ponderar que ensinar por métodos pode até parecer mais fácil, mas aprender por eles não é (atente-se para o fato de que esse "não é" diz respeito a aprender realmente, não somente repetir o que o método propõe). Mesmo que possa parecer fácil seguir algumas determinações passo a passo, o todo da aquisição do sistema de escrita alfabética pressupõe variar as formas de comunicação e usar recursos diferenciados para escrever, bem como expor posicionamentos com argumentos que indiquem suas escolhas. Um método, basicamente, ajuda o aluno a decifrar, mas com uma limitação de repertório que pode impactar suas produções posteriores e sua vida cotidiana.

Observe as práticas de escrita de nossa sociedade. Há muitos adultos em nosso país que têm dificuldades para se comunicar dessa maneira. Um exemplo clássico disso pode ser verificado nas comunicações rápidas realizadas atualmente: Quantas pessoas preferem transmitir um áudio em aplicativos de mensagens como o WhatsApp a escrever um texto? E, quando escrevem um texto, quantas apresentam confusão de ideias, dificuldades de expressão etc.? Claro que, muitas vezes, um áudio enviado torna mais rápida a comunicação, mas ainda assim: Por que realmente, para algumas pessoas, é mais fácil falar do que escrever?

A proposta de alfabetização que está em voga implica alfabetizar sem o uso de métodos, apresentando-se sempre um contexto nos programas pedagógicos que serão oferecidos nas escolas. A ideia é alfabetizar com **práticas de letramento**. A BNCC (Brasil, 2018) destaca o texto como elemento central nas atividades propostas para alfabetização, de maneira que a escola sempre relacione o desenvolvimento das habilidades de leitura e de escrita com o uso significativo da linguagem. De forma geral, busca-se assegurar que as experiências educativas contribuam para o desenvolvimento do letramento.

2.2 ALFABETIZAÇÃO OU LETRAMENTO: QUE HISTÓRIA É ESSA?

Ao tratarmos do tema *alfabetização*, é importante que façamos uma reflexão sobre o que consideramos que seja esse processo. Durante muito tempo, pensamos que era alfabetizado quem sabia ler e escrever. De modo geral, muitas pessoas pensam assim. Porém, atualmente, isso não é mais suficiente. **Na verdade, apenas saber ler e escrever (ou seja, decodificar) não é suficiente para alguém ser considerado alfabetizado.**

> **Fique atento!**
> De acordo com o Instituto Brasileiro de Geografia e Estatística (IBGE, 2007), a Unesco considera alfabetizada a pessoa capaz de ler e escrever pelo menos um bilhete simples no idioma que conhece. Embora não esteja convencionado o que é um bilhete simples, essa definição nos remete à certeza de que, na sociedade contemporânea, para considerarmos alguém alfabetizado, é preciso que essa pessoa saiba ler, escrever e interpretar, ou seja, que compreenda o que lê, que possa opinar sobre o assunto, que consiga utilizar a linguagem escrita como forma de comunicação para viver melhor.

Lembre-se de que, como destaca Freire (1967, p. 111), "a alfabetização é mais do que o simples domínio mecânico de técnicas de escrever e ler. É o domínio dessas técnicas, em termos conscientes. É entender o que se lê e escrever o que se entende. É comunicar-se graficamente". Ler e escrever deve ter sentido. Esse é um bom começo para refletir sobre o assunto.

O conceito de *letramento* foi empregado pela primeira vez no Brasil em 1986 (Kato, 1987). Você certamente já deve tê-lo escutado no meio educacional. Soares (1998) dá uma boa explicação sobre a origem do termo. Segundo a autora, *letramento* é uma tradução para a língua portuguesa da palavra inglesa *literacy*, que é definida como a condição de ser letrado. Desse modo, convencionou-se, nos meios educacionais, que *letramento* significa estado ou condição de quem não apenas sabe ler e escrever, mas cultiva e exerce as práticas sociais que usam a escrita.

> **Fique atento!**
> **Alfabetização**: ação de ensinar/aprender a ler e a escrever.
> **Letramento**: estado ou condição de quem não apenas sabe ler e escrever, mas cultiva e exerce as práticas sociais que usam a escrita (Soares, 1998).

Inserida em uma prática de letramento, a alfabetização implica uma educação feita por meio de práticas sociais de leitura e escrita. Fique muito atento a esse conceito de *práticas sociais*, pois é uma das bases do processo de letramento. Significa que, nas práticas pedagógicas, o aluno será apresentado à língua de seu país entendendo-a como instrumento social que pode ajudá-lo a viver melhor. Assim, o estudante passa a compreender a leitura e a escrita sob a perspectiva de melhoria social, de comunicação, de cultura.

Analise: De fato, para que serve aprender a ler e a escrever se não for para utilizar esse conhecimento na vida? A pessoa letrada (alfabetizada em práticas de letramento) compreende que ler e escrever não é apenas decifrar um código de letras e sons. É entender também um processo que leva em conta o que aquele aprendizado pode fazer por quem aprende: saber interpretar, por exemplo, uma lista de mercado, uma prova, uma argumentação, uma música e outras tantas formas de expressão que o letramento ajuda a alcançar.

O letramento, portanto, ajuda a formar uma pessoa diferente porque esta adquire outra condição (não se trata de nível social ou econômico, mas de **condição** social e cultural). Muda o modo como se relaciona com os outros, sua forma de ver e respeitar a cultura de um povo, sua maneira de pensar, de se expressar. É esse o maior ganho que uma prática pedagógica de letramento pode gerar: educar para fazer a diferença na vida da pessoa.

Ao incorporarmos o conceito de *letramento* ao nosso vocabulário e, principalmente, à nossa prática educativa diária, estamos ressaltando que não nos contentamos em formar pessoas que, mesmo alfabetizadas, tenham dificuldades de se apropriarem dos meios de escrita (e consigam somente escrever textos simples, por exemplo). **Queremos pessoas leitoras e produtoras de texto – em um nível que esteja de acordo com sua idade, seus conhecimentos e suas práticas.**

Importante!

A aplicação da concepção de *letramento* nas práticas pedagógicas indica que a alfabetização que estamos querendo promover envolve estudantes em práticas de

> leitura e escrita que tenham significado e façam parte da vida social.
>
> Em breves palavras, podemos afirmar que o conceito de **alfabetização** está contido no de **letramento**, o que equivale a dizer que letrar é alfabetizar com sentido e que letramento é, de certa forma, o contrário de analfabetismo (Soares, 1998).

As preocupações com o letramento se intensificaram na década de 1990, refletidas nos textos presentes nos Parâmetros Curriculares Nacionais (PCN), documentos criados para fornecer subsídios para a elaboração de currículos na época. Acompanhe o texto dos PCN de Língua Portuguesa:

> *O domínio da língua tem estreita relação com a possibilidade de plena participação social, pois é por meio dela que o homem se comunica, tem acesso à informação, expressa e defende pontos de vista, partilha ou constrói visões de mundo, produz conhecimento. Assim, um projeto educativo comprometido com a democratização social e cultural atribui à escola a função e a responsabilidade de garantir a todos os seus alunos o acesso aos saberes linguísticos necessários para o exercício da cidadania, direito inalienável de todos.* (Brasil, 1997b, p. 21)

A proposta de letramento destacada nos PCN se manteve nos documentos posteriores, inclusive na BNCC. Portanto, a ideia de alfabetizar com práticas de letramento não é mais uma sugestão ou indicação: trata-se de uma obrigatoriedade na educação brasileira, pois a BNCC é um documento normativo.

Quando a alfabetização é concebida como uma forma de acesso à cultura, não é possível admitir que existam crianças na escola que supostamente saibam ler, mas não consigam entender uma notícia de jornal; saibam escrever, mas não consigam redigir um texto. Em linhas gerais, essas crianças não conseguem compreender que a língua portuguesa ensinada na escola é a mesma das ruas, dos livros, da vida. Isso porque, geralmente, a escola trabalha com textos simples que só têm sentido no ambiente escolar. Então, não basta conhecer os conceitos e mudar as metodologias: é preciso transformar a prática educativa da alfabetização com textos que tratem de cultura, de esporte, de música, de temas que façam sentido para a vida de quem está estudando.

> É preciso urgentemente que a escola tome consciência (e isso se reflita nas práticas dos professores) de que é preciso (e possível) que os alunos saibam usar a linguagem como instrumento para viver melhor e para ter acesso à cultura de seu povo.

Ler e escrever é um direito da criança, um dever da escola e uma responsabilidade grande do professor. Sob esse ponto de vista, é importante destacar que alfabetizar na atualidade só faz sentido se as atividades didáticas escolhidas estiverem vinculadas às práticas sociais. Assim, quanto mais a criança utiliza a leitura e a escrita que conhece (das placas, dos *outdoors*, dos símbolos, dos gibis, da lista de nomes dos jogadores convocados para jogos de futebol etc.), mais ela avança em direção ao domínio da leitura e da escrita convencionais.

> **Fique atento!**
> Alfabetizar não faz o menor sentido se não for uma atividade vinculada ao conhecimento popular, aos textos que fazem parte da vida diária dos aprendentes.

2.3 SISTEMATIZAÇÃO: O COMO FAZER EM QUESTÃO

Apresentamos neste capítulo algumas considerações sobre a alfabetização no Brasil, a inserção de métodos de alfabetização ao longo dos anos e a necessidade de alfabetizar sem o auxílio de métodos, utilizando-se práticas de letramento. A ideia de que a alfabetização era simplesmente decifrar o código linguístico saiu de cena para dar lugar às reflexões e aos entendimentos sobre o que é necessário para aprender a ler e a escrever.

Pense: O que é preciso para ser alfabetizado? Em décadas anteriores, muitas pessoas diriam que é preciso aprender o código da relação entre som e letra. De certa forma, isso é verdadeiro; é como dizer que é necessário ensinar a "**técnica**" da leitura e da escrita, como já afirmava Magda Soares na década de 2000, destacando a importância da decodificação para o aprendizado da leitura e da escrita. Mas apenas decodificar não é o suficiente. Por isso, atenção: a autora enfatiza que decodificar é uma parte específica e importante do processo, mas não é a única parte.

> **Fique atento!**
> "Ninguém aprende a ler e a escrever se não aprender [as] relações entre fonemas e grafemas – para codificar e para decodificar. Isso é uma parte específica do processo de aprender a ler e a escrever" (Soares, 2009, p. 2).

Hoje em dia, sabe-se que isso não é suficiente, pois existem muitas relações envolvidas nesse aprendizado, inclusive algumas propriedades do sistema alfabético que precisam ser internalizadas pelas crianças, para que estas possam ser consideradas alfabetizadas.

Por isso, é muito importante evoluir no conceito e compreender que a aprendizagem da escrita **não** é somente decodificação. Trata-se de um sistema **notacional**, de "tomar nota", de registrar. Isso significa que ele é formado por regras e princípios abstratos. Para aprender tal sistema, a criança tem de realizar um processo cognitivo de reconstrução de conceitos, o que implica certa complexidade. A palavra *notacional* vem de *nota*, semelhante a *registro*. Então, para aprender a escrever, é preciso compreender dois pontos:

1. O que as letras registram (notam), desvinculando a quantidade de letras do tamanho real do objeto e considerando que as letras substituem o tamanho e a forma dos objetos.

2. Como as letras criam as notações. É preciso que a criança elabore um raciocínio para entender que há a necessidade de colocar letras conforme os "pedacinhos sonoros" da palavra que pronunciamos e que, em alguns casos, há apenas uma letra e, em outros, duas ou três letras para formar o som.

A seguir, veja uma lista com dez propriedades que a criança precisa internalizar para ser considerada alfabetizada.

Propriedades do sistema de escrita alfabética (SEA)

1. Escreve-se com letras, que não podem ser inventadas, que têm um repertório finito e que são diferentes de números e de outros símbolos.

2. As letras têm formatos fixos e pequenas variações produzem mudanças na identidade das mesmas (p, q, b, d), embora uma letra assuma formatos variados (P, p, P, p).

3. A ordem das letras no interior das palavras não pode ser mudada.

4. Uma letra pode se repetir no interior de uma palavra e em diferentes palavras, ao mesmo tempo em que distintas palavras compartilham as mesmas letras.

5. Nem todas as letras podem ocupar certas posições no interior das palavras e nem todas as letras podem vir juntas de quaisquer outras.

6. As letras notam ou substituem a pauta sonora das palavras que pronunciamos e nunca levam em conta as características físicas ou funcionais dos referentes que substituem [realismo nominal].

7. As letras notam segmentos sonoros menores que as sílabas orais que pronunciamos.

8. As letras têm valores sonoros fixos, apesar de muitas terem mais de um valor sonoro e certos sons poderem ser notados com mais de uma letra.

9. Além de letras, na escrita de palavras, usam-se, também, algumas marcas (acentos) que podem modificar a tonicidade ou o som das letras ou sílabas onde aparecem.

10. As sílabas podem variar quanto às combinações entre consoantes e vogais (CV, CCV, CVV, CVC, V, VC, VCC, CCVCC...), mas a estrutura predominante no português é a sílaba CV (consoante--vogal), e todas as sílabas do português contêm, ao menos, uma vogal.

Fonte: Brasil, 2012, p. 11.

Ao ler os dez itens do SEA, é possível ter uma ideia do quão complexo é o processo de alfabetização para as crianças, bem como compreender quão variadas devem ser as técnicas utilizadas no trabalho docente para esse fim.

Outro ponto de extrema importância na questão da alfabetização diz respeito à sua **função social**. Além das mudanças conceituais que são necessárias para o entendimento de nosso sistema de escrita, o aprendente precisa ter uma noção clara da função que a escrita exerce na sociedade, o que chamamos de *função social*.

> **Importante!**
> O aprendizado das técnicas e a função social da leitura e da escrita (que está pressuposta na alfabetização sem métodos abordada neste capítulo) são dois processos diferentes, que ocorrem dissociados um do outro, mas que são igualmente relevantes.

Vamos deixar essa reflexão um pouco mais próxima do campo da aprendizagem da leitura e da escrita: aquilo que se considera alfabetização (domínio do código, da sistematização da escrita) não precisa preceder a aprendizagem da função social da escrita (para que a escrita serve no mundo da criança, como é a relação dela com a escrita), como acontecia com o uso dos métodos. Os aprendizados podem ocorrer paralelamente, com a utilização de textos presentes no cotidiano, ou seja, que têm função social.

É válido ressaltar que o uso de métodos para alfabetizar ocorria da seguinte forma: os alunos aprendiam a técnica (nome das letras, dos sons etc.) antes de saber as funções da escrita, isto é, antes de entender como a escrita poderia melhorar sua vida, portanto antes de "gostar" de escrever e de ler; assim, muitas vezes, o ensino da técnica se sobrepunha ao prazer, à percepção de que a leitura e a escrita faziam parte da vida do aprendente. O que se propõe hoje é diferente.

O que chamamos de *sistematização* é o ato de ensinar aos alunos as chaves da decifração, das regras ortográficas, da relação entre a escrita e o som, compreendendo-se que, para que possam aprender tudo isso, as crianças farão uma grande operação cognitiva. O que se deve observar com especial atenção (e nisso a concepção atual é diferente da alfabetização com métodos) é que a forma como isso será feito requer que o professor ofereça a seus alunos textos reais (histórias, bilhetes, mensagens de texto, contos e outros tantos tipos de texto que podem compor um repertório).

Percebe como é elaborado o contexto para a criança aprender a ler? São muitas mudanças no aspecto cognitivo. O que ocorre é que, quando consideramos que um professor estudou e compreendeu o processo pelo qual as crianças passam, ele vai oferecer a elas propostas pedagógicas pertinentes para auxiliá-las, sem pautar o trabalho de alfabetização em métodos, repetição de letras e sons que desvinculam tal aprendizagem da vida real e cotidiana das crianças. Lembre-se de que vincular as propostas à função social que a escrita exerce é um excelente meio para a alfabetização das crianças[b].

---

b. Neste ponto, é relevante que você relembre os conceitos da autora Emilia Ferreiro apresentados no capítulo anterior.

2.4 ALFABETIZAÇÃO NA BNCC

Anteriormente, analisamos os métodos de alfabetização e a prática do letramento. Agora, abordaremos a alfabetização sob o enfoque das determinações da BNCC (Brasil, 2018), dando destaque a atividades e propostas possíveis para a educação infantil e à responsabilidade no primeiro e no segundo ano das séries iniciais do ensino fundamental.

A BNCC é o documento que norteia a construção dos currículos da educação básica brasileira em todas as redes e sistemas de ensino das esferas pública e privada. É importante relembrar que a base foi criada com amparo na Lei de Diretrizes e Bases da Educação Nacional (LDBEN) – Lei n. 9.394, 20 de dezembro de 1996 (Brasil, 1996) –, que, em seu art. 26, determina a criação de uma base comum curricular para fundamentar todas as instituições de ensino da educação básica brasileira. Tal artigo teve sua redação alterada pela Lei n. 12.796, de 4 de abril de 2013:

> *Art. 26. Os currículos da educação infantil, do ensino fundamental e do ensino médio devem ter base nacional comum, a ser complementada, em cada sistema de ensino e em cada estabelecimento escolar, por uma parte diversificada, exigida pelas características regionais e locais da sociedade, da cultura, da economia e dos educandos.* (Brasil, 2013)

Dessa forma, entende-se que toda a educação brasileira, ao seguir as determinações desse documento, terá uma base curricular única, alterando-se somente as questões das diferenças especificadas no art. 26, que darão o caráter de pertencimento e significatividade à educação ao aproximar as propostas da educação da escola com a realidade em que está inserida.

É necessário considerar que a BNCC é um documento muito importante e que precisa ser conhecido e explorado por todos os educadores, não só porque é normativo (ou seja, as escolas são obrigadas a segui-lo na elaboração de seus currículos), mas também porque, ao estabelecer os conhecimentos, as competências e as habilidades esperadas no desenvolvimento de todos os estudantes, desafia o educador a encontrar caminhos competentes em suas práticas profissionais.

Esse é um dos pontos principais da BNCC: o documento tem como base a ideia de que a ação do professor (e do ambiente educativo de modo geral) deve ser direcionada ao propósito de desenvolver competências e habilidades em seus alunos, e não somente ao ensino de conteúdos propriamente ditos.

A BNCC define **competência** "como a mobilização de conhecimentos (conceitos e procedimentos), habilidades (práticas, cognitivas e socioemocionais), atitudes e valores para resolver demandas complexas da vida cotidiana, do pleno exercício da cidadania e do mundo do trabalho" (Brasil, 2018, p. 8).

Não basta, portanto, que o aluno conheça o conteúdo: é preciso que tenha competência para fazer uso dele, que as habilidades desenvolvidas no ambiente escolar possam assegurar que utilizará aquilo que aprendeu em sua realidade.

Ao indicar o resultado da educação oferecida pela escola como reflexo do desenvolvimento de habilidades e competências, a BNCC coloca a contextualização das propostas pedagógicas como um ponto nevrálgico do trabalho educativo.

De maneira geral, quando se trata de contextualizar as aprendizagens, propõe-se que a fragmentação de conteúdos, tão utilizada por professores das décadas anteriores, seja substituída por um trabalho educativo em que o aluno e o próprio professor possam reconhecer, para além da origem do conhecimento, qual sua relevância para o mundo em que vivem. É a vinculação do conhecimento a ser adquirido na escola com a vida diária do aluno. Essa é a competência necessária: a transferência do que se aprende para o cotidiano; a percepção de que a aprendizagem faz parte da vida, em vez de estar inserida somente na escola. A aprendizagem, segundo a BNCC, tem de ser contextualizada para ser significativa. De acordo com o referido documento, é preciso "contextualizar os conteúdos dos componentes curriculares, identificando estratégias para apresentá-los, representá-los, exemplificá-los, conectá-los e torná-los significativos, com base na realidade do lugar e do tempo nos quais as aprendizagens estão situadas" (Brasil, 2018, p. 16).

Mas como isso se aplica especificamente à alfabetização? Para responder a essa pergunta, primeiro temos de considerar que a alfabetização é um processo e, como tal, é realizado em um período da vida dos alunos – inicia-se na educação infantil e continua no ensino fundamental, aproximadamente até os 7/8 anos de idade (isso em condições apropriadas para o alcance desse objetivo, uma vez que há casos de analfabetos com idades mais avançadas).

A BNCC apresenta um texto específico para tratar da alfabetização, o qual considera as atividades e práticas de letramento presentes em muitos aspectos da educação infantil, embora atribua ao primeiro e ao segundo ano das séries iniciais do ensino fundamental a responsabilidade sobre esse processo. Seguindo a ordem observada na BNCC, na sequência, primeiramente vamos analisar as práticas de letramento presentes na educação infantil, lembrando que não é obrigação da escola nessa faixa etária o ensino formal das letras, fonemas ou grafemas nem se espera que a criança tenha como objetivo aprender a ler e a escrever alfabeticamente. Por outro lado, o trabalho com práticas de letramento na educação infantil aproximará a criança dessa realidade.

2.4.1 PRÁTICAS DE LETRAMENTO NA EDUCAÇÃO INFANTIL DE ACORDO COM A BNCC

Há duas considerações importantes para começar a tratar de alfabetização e educação infantil conforme a BNCC. Em primeiro lugar, não é tarefa desse nível formalizar o ensino de leitura e escrita. Isso deve ser feito nos níveis subsequentes. Em segundo lugar, as atividades propostas para a educação infantil devem ser tão contextualizadas e lúdicas que farão com que a criança desenvolva competências para a construção do conhecimento acerca das diferentes formas de linguagem, incluindo as linguagens que envolvem a comunicação escrita.

A BNCC se fundamenta nas concepções de *criança*, *infância* e *trabalho pedagógico* presentes nas orientações das Diretrizes Curriculares Nacionais da Educação Infantil (DCNEI), escritas em 2010. Nesse documento, a criança é definida como

> *sujeito histórico e de direitos que, nas interações, relações e práticas cotidianas que vivencia, constrói sua identidade pessoal e coletiva, brinca, imagina, fantasia, deseja, aprende, observa, experimenta, narra, questiona e constrói sentidos sobre a natureza e a sociedade, produzindo cultura.* (Brasil, 2010, p. 12)

Algumas observações sobre esse conceito de *criança* são importantes, pois dão o tom do formato que as aulas devem privilegiar. Inicialmente, é dado enfoque à questão das **interações e práticas cotidianas**, que devem permear as metodologias e as estratégias de ensino, destacando-se, principalmente, a **construção de conhecimentos tendo em vista aquilo que faz sentido para a criança** nas questões da natureza, da sociedade e, consequentemente, da produção de cultura. Observe que o fazer do aluno precisa fazer sentido para ele, uma vez que isso fará com que a aprendizagem seja significativa. Isso se aplica a qualquer área, em qualquer atividade proposta, inclusive no desenvolvimento das linguagens infantis. Isso está diretamente relacionado à contextualização das propostas que serão oferecidas às crianças.

Com base nas DCNEI (Brasil, 2010), a BNCC indica, ainda, que as práticas proporcionadas às crianças devem estar atreladas a dois eixos estruturantes: a **brincadeira** e as **interações**. Aqui, o termo *interações* precisa ganhar um amplo sentido, referindo-se às relações entre crianças da mesma idade, entre crianças de idades diferentes, entre professores e crianças, entre adultos e crianças (por exemplo, quando alguém faz uma palestra para os alunos) e entre crianças e demais funcionários da escola. Da mesma maneira, pode se referir à relação do infante com seus objetos de aprendizagem: ele necessita encaixar, amontoar, explorar fisicamente, empilhar, experimentar, riscar, desenhar, modelar etc.

Um dos primeiros trabalhos pedagógicos que se faz na educação infantil diz respeito ao próprio nome do aluno. Alguns exemplos de ações educativas que envolvem o reconhecimento do nome são: apresentação do nome em forma de crachás junto com fotos das crianças para reconhecimento inicial; destaque da letra inicial de modo que o aluno vá se apropriando do conceito de *letra* e montagem do nome em letras de madeira ou EVA; traçado do nome (não importando, nesse momento, se a escrita é espelhada ou se estão faltando ou sobrando letras). Todas essas atividades realizadas na educação infantil com o nome da criança não têm como objetivo alfabetizá-la, mas são propostas que vão iniciar uma aproximação para que isso se efetive. São o que chamamos de **práticas letradas**. Outros exemplos dessas práticas são: "cantar cantigas e recitar parlendas e quadrinhas, ouvir e recontar contos, seguir regras de jogos e receitas, jogar *games*, relatar experiências e experimentos, [as quais] serão progressivamente intensificadas e complexificadas, na direção de gêneros secundários com textos mais complexos" (Brasil, 2018, p. 89).

Na educação infantil, é preciso atrelar a explicação de determinado conteúdo a uma brincadeira, ao ato de brincar, a uma referência que faça sentido para a criança.

Há um sem-número de possibilidades de trabalhos com as interações infantis que ultrapassam as atividades realizadas somente no papel (muitas vezes, sem sentido) em práticas que privilegiavam o desenvolvimento da coordenação motora. Hoje em dia, as mais modernas práticas infantis têm de privilegiar as vivências, o contato com a natureza, a relação entre as pessoas e os pequenos animais, a vida cotidiana, tudo isso permeado de muitas, muitas brincadeiras, que devem variar entre livres e dirigidas.

Nas brincadeiras, a interação proposta pela BNCC para a educação infantil contribui para desenvolver as múltiplas formas de linguagem com as quais, ao longo do tempo, as crianças vão se familiarizando, não só a linguagem oral e, posteriormente, a linguagem escrita, mas a gestual, a musical, a pictográfica, a teatral etc. O importante é o professor considerar que as formas de linguagem são **modos de comunicação** e, ao trabalhar com elas na educação infantil, está trabalhando com o que se pode chamar de **práticas de letramento**, uma vez que desenvolve na criança habilidades muito importantes para tal.

Então, o infante brinca de fazer uma receita médica, por exemplo, e "finge" escrever o nome dos remédios em um papel, alterando sua voz para "imitar" a voz dos personagens da brincadeira, da música ou da história contada pelo professor. Assim, a criança vai descobrindo as possibilidades da comunicação em uma infinidade de práticas. Mesmo que a alfabetização formal não seja o foco desse nível educacional, há muito o que ser feito para que a comunicação e o desenvolvimento das linguagens sejam, de fato, efetivados. E isso não só porque a escola deseja, mas porque é um **direito** da criança.

Não se esqueça: a educação infantil não é um período de preparação para a alfabetização; na verdade, não é preparação para nada. Trata-se de uma etapa importante por si só, um período único, um espaço de desenvolvimento de habilidades, competências e relações sociais que fazem diferença na vida da criança, na idade em que ela estiver. Em alguns momentos, como no trabalho que se faz com a linguagem, também são desenvolvidas habilidades que o infante utilizará quando estiver no processo formal de alfabetização, mas o período da educação infantil é muito importante para se restringir a isso.

Mas, se não é papel da educação infantil alfabetizar as crianças, como é possível que algumas encerrem essa etapa bem adiantadas na leitura ou, até mesmo, lendo? E como isso acontece?

Acontece porque atividades contextualizadas e focadas em brincadeiras de rimas, de contação de histórias e de reconhecimento das letras do nome ajudam a desenvolver a consciência fonológica da criança, que nada mais é do que a percepção de que, para escrever e ler, é preciso reconhecer que os sons serão reproduzidos com o uso de letras. Em outras palavras, para escrever, é preciso fazer uso das letras e do **som** delas. Perceba, no entanto, que isso não é um ensinamento da educação infantil, mas uma percepção que o infante terá ao trabalhar repetidamente com essa temática contextualizada. Por isso são feitos crachás para as crianças: se há dois alunos cujos nomes apresentam as iniciais MA, por exemplo, como o professor os chama todos os dias, isso desperta a atenção do aluno ao tornar perceptível a ocorrência da repetição das letras e do som, ou seja, mesmos sons, mesmas letras. Contudo, não se trata de aprender as junções MA, ME, MI etc. sem contexto nenhum, e sim de perceber que o MA é da Mariana e do Mateus, que são colegas da sala; assim, é possível atribuir sentido aos sons e às grafias. Isso faz uma grande diferença.

Um ponto interessante a ser considerado é que uma descoberta fundamental para a efetivação da leitura na criança é o entendimento de que as letras representam os sons das palavras. Dessa maneira, são fundamentais trabalhos que envolvam rimas, músicas, poemas, poesias, quadrinhas. E isso pode ser feito em muitas atividades.

Para que a criança da educação infantil aprenda e se desenvolva, a BNCC prevê uma reestruturação curricular que compreende experiências fundamentais, divididas em cinco campos intitulados *campos de experiências*. A ideia é que as atividades propostas, organizadas nesses campos, garantam que o conhecimento das crianças vá aumentando à medida que se ampliem as experiências vivenciadas. Os campos de experiências são os seguintes (Brasil, 2018, p. 25):

- *O eu, o outro e o nós*
- *Corpo, gestos e movimentos*

- *Traços, sons, cores e formas*
- *Escuta, fala, pensamento e imaginação*
- *Espaços, tempos, quantidades, relações e transformações*

De acordo com Clímaco (2018, p. 23), os campos de experiências "constituem um arranjo curricular inovador adequado à educação da criança de 0 a 5 anos e 11 meses, porque promovem a construção de saberes por meio de experiências vivenciadas".

É importante observar que, como o trabalho na educação infantil consiste em aprofundar o desenvolvimento de modos diferentes de linguagem das crianças, é possível fazer isso em todos os campos de aprendizagem, uma vez que não são divididos por áreas. Isso configura uma grande mudança. Essa integração do currículo procura fazer com que as aulas da educação infantil sejam realmente transformadas em vivências, de modo que os aspectos que envolvem as áreas já conhecidas dos professores, como Língua Portuguesa, Matemática, Natureza e Sociedade, possam ser trabalhados perpassando-se todos os campos de aprendizagem.

A seguir, veja algumas sugestões de atividades que podem ajudar na efetivação das linguagens infantis, envolvendo os vários campos de experiências. Perceba que uma mesma situação pode ter vários desdobramentos pedagógicos.

QUADRO 2.6 – ATIVIDADE: RECEBER A VISITA DE UM GRUPO FOLCLÓRICO NA ESCOLA PARA APRESENTAÇÃO, DANÇA COM AS CRIANÇAS E POSTERIOR CONVERSA COM OS INTEGRANTES

Campos de experiências	Propostas de atividade	Como ajuda no desenvolvimento da linguagem
O eu, o outro e o nós	Ter contato com diferentes pessoas e a escrita do próprio nome (crachás, quadros de ajudantes do dia, nome dos integrantes do grupo ou do próprio grupo que visita a escola).	Percepção de letras do próprio nome, letras do nome dos colegas, semelhanças de sons no início e no fim de cada nome. Percepção de que a junção de letras comunica ideias.
Corpo, gestos e movimentos	Aprender sobre costumes e músicas tradicionais de outras etnias. Cantar e dançar junto.	Fazer a criança perceber que a linguagem (oral e gestual) serve para comunicar ideias de diferentes povos.
Traços, sons, cores e formas	Conviver com diferentes manifestações artísticas e culturais. Neste caso, assistir à apresentação e, posteriormente, acompanhar a música com instrumentos musicais (originais e/ou criados pelas crianças com diferentes materiais).	Retratar em desenhos o que assistiu indica que a criança compreende que pode manifestar seu apreço também de forma gráfica. Acompanhar sons e ritmos faz com que perceba diferenças sonoras.

(continua)

(Quadro 2.6 – conclusão)

Campos de experiências	Propostas de atividade	Como ajuda no desenvolvimento da linguagem
Escuta, fala, pensamento e imaginação	Ouvir uma história do país do grupo folclórico.	Ouvir e acompanhar a leitura de textos faz com que a criança, além de desenvolver sua imaginação, também possa organizar a escuta, a fala e o pensamento.
Espaços, tempos, quantidades, relações e transformações	Conhecer espaços do país de onde se origina o grupo folclórico.	Comparação de diferentes espaços, transformações da natureza, fenômenos da natureza (por exemplo, neve). Leitura de imagens e desenhos.

Fonte: Elaborado com base em Brasil, 2018.

Percebe como é relevante que todas as propostas que envolvem o desenvolvimento das linguagens na educação infantil, inclusive da linguagem gráfica, aconteçam envolvidas em um contexto em que a criança possa compreender determinado significado? Nada de traçados aleatórios ou de desenhos para pintar sem contexto, somente para passar o tempo. Não é o ato de pintar, traçar ou desenhar (que são atividades motoras) que é o problema, e sim a descontextualização de algumas dessas atividades, o que precisa ser objeto do olhar crítico do professor quando se deseja uma aprendizagem real. Para isso, o professor deve moldar sua prática de forma a sempre questionar a criança, fazendo-a refletir sobre o que está fazendo (vendo ou ouvindo), deixando-a participar das escolhas (do livro de história que vai ser lido, por exemplo) e desenvolvendo sua autonomia na entrega dos materiais que serão utilizados. Cada atitude dessa, por mais simples que possa parecer, comunica ao infante acolhimento, apoio, parceria e, principalmente, confiança. O aluno precisa muito de tudo isso para aprender e crescer em um ambiente saudável e feliz, desenvolver-se integralmente e aprender a ler e escrever seu mundo.

É assim que a BNCC preconiza o desenvolvimento da linguagem na educação infantil: cercada de atividades que desafiem a criança a pensar, a brincar e a interagir – não apenas a exercitar a motricidade. Lembre-se sempre de que motricidade, pensamento e reflexão precisam sempre estar juntos nas propostas oferecidas e tudo isso deve estar permeado por brincadeiras e interações.

2.4.2 ALFABETIZAÇÃO NO ENSINO FUNDAMENTAL DE ACORDO COM A BNCC

A BNCC do ensino fundamental é dividida em quatro áreas do conhecimento: Matemática, Linguagens, Ciências Humanas e Ciências da Natureza. Nesse contexto, as atividades de alfabetização podem ser trabalhadas com temas que envolvam todas as áreas, mas é no campo de Linguagens que existe maior concentração de competências e habilidades a serem desenvolvidas. A disciplina de Língua Portuguesa faz parte de Linguagens, juntamente com Arte e Educação Física. Nos anos finais do ensino fundamental, a disciplina de Língua Inglesa também passa a contemplar essa área (Brasil, 2018).

Uma das grandes alterações que a BNCC trouxe para a alfabetização e a proposta de garantir o direito fundamental de aprender a ler e a escrever foi o entendimento de que os alunos devem ser alfabetizados até o segundo ano, ou seja, até os 7 anos de idade. A título de comparação, anteriormente se indicava que as crianças podiam completar seu ciclo de alfabetização até o terceiro ano. É importante destacar que, mesmo sendo os principais focos no primeiro e no segundo ano do ensino fundamental, a alfabetização e o letramento permanecem sendo trabalhados continuamente até o quinto ano (Brasil, 2018).

Segundo a BNCC, é preciso que os estudantes conheçam o alfabeto e a mecânica da escrita/leitura, de modo que consigam

> *"codificar e decodificar" os sons da língua (fonemas) em material gráfico (grafemas ou letras), o que envolve o desenvolvimento de uma consciência fonológica (dos fonemas do português do Brasil e de sua organização em segmentos sonoros maiores como sílabas e palavras) e o conhecimento do alfabeto do português do Brasil em seus vários formatos (letras*

imprensa e cursiva, maiúsculas e minúsculas), além do estabelecimento de relações grafônicas entre esses dois sistemas de materialização da língua.
(Brasil, 2018, p. 90)

Quem alfabetiza crianças sabe que há uma parte de codificação e decodificação a ser realizada. É preciso que os alunos conheçam as letras, seus sons e suas grafias. A questão, atualmente, é como inserir práticas contextualizadas nesse processo. Afinal, codificar e decodificar é uma prática muito desenvolvida (e necessária) para aprender a língua portuguesa, mas não se pode incorrer em práticas tradicionais que tenham como foco somente a decodificação, esquecendo o contexto e o significado do que se ensina.

Alfabetizar não é envolver a criança somente em atividades de silabação, consciência fonológica ou mecanizadas, que favorecem a repetição sem contexto; alfabetizar é focar a apropriação do sistema alfabético utilizando práticas de linguagem **socialmente reconhecidas**.

> ### Importante!
> *Consciência fonológica* significa ser capaz de ouvir e manipular unidades de som das palavras faladas (sílabas, rimas etc.), ao passo que *consciência fonêmica* significa ser capaz de ouvir e manipular a menor unidade de som, o fonema.

Trabalhar com práticas de linguagem socialmente reconhecidas fará com que o professor deixe de lado atividades fragmentadas para priorizar textos que sejam interessantes para as crianças da faixa etária com que ele está trabalhando e que façam sentido para aquele contexto social. Estamos falando de lendas, histórias, músicas, cantigas, bilhetes, textos com função social estabelecida.

Nesse cenário, deve-se questionar: Qual papel esse tipo de texto exerce no mundo em que vivemos? Quais textos são conhecidos pelos alunos? Claro que é importante conhecer a grafia e o som das letras, mas também é muito importante reconhecer que, com isso, é possível comunicar ideias e proporcionar mudanças no cotidiano.

A BNCC preconiza que a alfabetização de crianças do ensino fundamental seja realizada com base na complementação entre os conceitos de letramento e alfabetização de que tratamos neste livro. A proposta da Base (como as propostas dos PCN e das DCN) indica que letramento é a alfabetização que ultrapassa a decodificação de sons e letras, visto que também considera o sentido e, consequentemente, o uso que se faz daquilo que se aprende.

Assim, a BNCC propõe um processo de alfabetização estruturado em atividades que envolvam letramento, considerando-se o desenvolvimento de quatro diferentes práticas de linguagem: leitura, produção de texto, oralidade e análise linguística/semiótica (Brasil, 2018).

Uma proposta diferenciada da BNCC são os campos de atuação, que representam as áreas de uso da linguagem na vida social. São eles:

> artístico/literário;

> da vida cotidiana;

> da vida pública;

> das práticas de estudo e pesquisa.

Esses campos de atuação são o vínculo dos textos utilizados na escola com a vida dos alunos. São a forma de contextualizar os textos, de não usar mais fragmentos e, assim, permitir que a criança entenda que está estudando sobre a vida real, não pela perspectiva da dicotomia entre o que se estuda e o que se vive. A proposta da BNCC, portanto, é tornar as crianças letradas, aptas, competentes na função de comunicar suas ideias e compreender as ideias que circulam ao seu redor (em textos de vários formatos). Isso será efetivado com atividades que envolvam "práticas de linguagem, discurso e gêneros discursivos/gêneros textuais, esferas/campos de circulação dos discursos" (Brasil, 2018, p. 67). Assim, a reflexão amplia-se para além do escrever, englobando também o que se escreve, de que maneira se escreve e para quem se escreve, resgatando a função social da escrita. No universo das crianças, estamos falando de convites, receitas, textos relacionados ao que ela gosta e ao seu modo de vida e recontos de histórias.

Quando falamos em gêneros textuais, estamos tratando de uma classificação que abarca diferentes tipos de texto existentes. Essa classificação, no entanto, não é fixa, pois, à medida que os anos passam, novos tipos de textos são incorporados à sociedade e outros caem em desuso. Por exemplo, você ainda escreve cartas e as envia pelo correio? Sabia que as cartas eram (ou ainda são?) gêneros textuais ensinados na escola? Havia até mesmo uma variação que ensinava a escrever cartas comerciais, usadas nos ambientes administrativos. Atualmente, com o advento das tecnologias, a maioria das cartas se tornou obsoleta, perdendo espaço para o *e-mail* e as mensagens de texto. Além destes, podemos citar outros tipos de texto presentes na sociedade atual, a saber: jornalístico, acadêmico, literário, eletrônico digital, publicitário e cotidiano (Costa, 2008).

A escola precisa trabalhar com os contextos para que os alunos compreendam a origem e a função dos diversos textos que circulam ao seu redor, bem como sua função como produtores de tais textos e a forma como podem fazer uso deles em sua vida.

Visto que há vários textos, escritos por pessoas diversas, a BNCC destaca o conceito de **multiletramento**, que considera a diversidade cultural presente não só no Brasil como no mundo globalizado. A proposta consiste em "conhecer e valorizar as realidades nacionais e internacionais da diversidade linguística e analisar diferentes situações e atitudes humanas implicadas nos usos linguísticos, como o preconceito linguístico" (Brasil, 2018, p. 70).

No Ensino Fundamental – Anos Iniciais, os componentes curriculares tematizam diversas práticas, considerando especialmente aquelas relativas às culturas infantis tradicionais e contemporâneas. [...] aprender a ler e escrever [...] amplia suas possibilidades de construir conhecimentos [...] por sua inserção na cultura letrada, e de participar com maior autonomia e protagonismo na vida social. (Brasil, 2018, p. 63)

Não basta, portanto, que o professor elabore atividades para que seus alunos reproduzam traçados de letras e sílabas: é preciso que essas atividades sejam cuidadosamente pensadas e preparadas com temas que possam acrescer realmente na formação integral do estudante. Deve-se fazer tudo isso, obviamente, considerando-se o mundo infantil e as práticas de leitura contemporâneas que envolvem também textos multissemióticos e multimidiáticos.

> **Preste atenção!**
>
> Textos de gêneros multissemióticos são compostos por vários tipos de linguagem combinados, como verbal (oral e escrito), visual, sonoro, corporal e digital. Já os textos de gêneros multididáticos são compostos por diversas mídias, como a TV, o rádio e a internet (Escrevendo o Futuro, 2023).

Alguns exemplos de textos que podem ajudar são livros (histórias e contos) que tratam de temas como: diversidade; assuntos referentes a outras regiões, como lendas da África; línguas e dialetos usados no Brasil (incluindo a Libras, tão necessária); e inclusão, tão importante no mundo de hoje.

Em linhas gerais, a BNCC define as habilidades implicadas na alfabetização como capacidades de (de)codificação, que envolvem (Brasil, 2018, p. 93, grifo do original):

- *Compreender **diferenças entre escrita e outras formas gráficas** (outros sistemas de representação);*
- *Dominar as **convenções gráficas** (letras maiúsculas e minúsculas, cursiva e* script*);*
- *Conhecer o **alfabeto**[c];*
- *Compreender a **natureza alfabética do nosso sistema de escrita**;*
- *Dominar as **relações entre grafemas e fonemas**[d];*
- *Saber **decodificar palavras e textos** escritos;*

c. Composto por 26 letras: A, B, C, D, E, F, G, H, I, J, K, L, M, N, O, P, Q, R, S, T, U, V, W, X, Y, Z.

d. Considerando-se que fonema é o som e grafema é a representação gráfica desse som, sendo as letras do alfabeto empregadas em diferentes posições.

- *Saber ler,* **reconhecendo globalmente as palavras;**
- *Ampliar a sacada do olhar para* **porções maiores de texto** *que meras palavras, desenvolvendo assim* **fluência** *e rapidez de leitura* **(fatiamento)**.

Além dos textos multissemióticos que já fazem parte da vida das crianças, a BNCC prevê que os textos trabalhados com elas no primeiro e no segundo ano do ensino fundamental (anos iniciais) sejam simples (considere que elas ainda estão iniciando seu percurso), devendo, ainda assim, ser contextualizados. Algumas sugestões aos professores são: "listas (de chamada, de ingredientes, de compras), bilhetes, convites, fotolegenda, manchetes e lides (lides são a primeira parte de uma notícia), listas de regras da turma", calendário de aniversariantes, lista de preferências dos alunos etc. (Brasil, 2018, p. 93).

Ortografia e contextualização devem coexistir no trabalho que a BNCC propõe aos alunos na alfabetização como prática de letramento. Para realizar um bom trabalho, primeiramente é preciso estudar a BNCC, ler suas páginas, conhecer as ofertas. Não há como fazer um bom trabalho sem estudo por parte do professor. Além disso, é necessário querer fazer a diferença. Podemos melhorar todos os referenciais de alfabetização do país fazendo um bom trabalho educativo. Com a Base, temos a parte teórica nas mãos. Agora, é dever dos professores fazer sua parte.

2.5 SUGESTÕES DE ATIVIDADES

1. Criando histórias a partir de fotografias

> Objetivo

As fotografias antigas, de álbuns de família, podem despertar o interesse das crianças em escrever ou oralizar histórias, estimulando, assim, sua criatividade. Ao contarem histórias de sua família, as crianças também estão mostrando sua cultura, o modo como cada família lida com cada situação, o "jeito" de cada família e as diferenças entre as formas de ser de cada grupo de pessoas.

› Materiais

Fotografias que sejam capazes de provocar reações afetivas nas crianças e de despertar-lhes a imaginação.

› Desenvolvimento da atividade

Os alunos devem se sentar em círculo, colocando todas as fotografias de suas famílias dispostas no centro. Depois de observarem todas as fotos, cada criança deve escolher uma de que goste, conversar sobre ela e, então, criar uma história que tenha a ver com a foto.

› Questões para o professor

Cabe aos professores fazer perguntas que possam auxiliar tanto a expressão de seus alunos quanto o desenvolvimento da imaginação deles, além, é claro, da capacidade de ouvir e respeitar as ideias dos outros. À medida que a atividade se desenvolve, o professor deve fazer também comentários que possam levar as crianças a reflexões sobre as diferentes culturas retratadas nas fotos e nas histórias. São sugeridas algumas questões, como: Por que escolheram essa fotografia? Quais detalhes foram registrados na história inventada e contada por vocês?

› Detalhe importante

A história pode ser escrita (dependendo da facilidade das crianças em escrevê-la) ou somente oralizada. Uma sugestão bem interessante é gravar as histórias das crianças (depois de ensaiar algumas vezes) e depois deixá-las escutar a própria voz contando a história.

Fonte: Elaborado com base em Rangel, 2008.

2. Quadrinhos em sequência

Era uma vez 3 ratinhos que
Saíram para passear. No caminho encontraram um leão,
Mas não ficaram com medo
Porque ele estava dormindo.
Na verdade, os ratinhos até
Passearam por cima do leão.

Mas que ideia! O leão acordou!
Dois ratinhos correram, mas um

Deles ficou com seu rabinho preso
Na pata do rei das selvas.
O ratinho ficou muito nervoso
E tremendo pediu que o leão
O soltasse, dizendo que um dia,
Se o leão precisasse
O ratinho o ajudaria.

O leão riu, pois não achou que
Precisaria de um ratinho tão pequeno. Mas o tempo passou e, um dia, o leão ficou preso na rede de uns caçadores. Mesmo sendo muito forte, não conseguiu se soltar.

Naquele momento, apareceu o ratinho e roeu a corda. O leão conseguiu escapar. Os dois ficaram muito felizes, pois um havia ajudado ao outro e foram embora juntos, como bons amigos.

Fonte: Dalla Valle, 2008, p. 22-23.

> Objetivo

Despertar o interesse em escrever ou oralizar histórias.

> Materiais

Uma história em quadrinhos separados. Dica: use uma quantidade de quadrinhos correspondente à idade das crianças. Por exemplo: para crianças de 6 anos, utilize uma história com seis quadrinhos; para as de 7 anos, sete quadrinhos, e assim sucessivamente.

› Desenvolvimento da atividade

As crianças, em dupla, recebem uma história em quadrinhos recortados e separados. Elas devem analisar cada quadrinho e colocar a história na sequência correta. Depois de as imagens estarem em ordem, as crianças devem escrever a história.

› Questões para o professor

Durante esta atividade, o professor deve estar sempre circulando entre os alunos, de forma a auxiliá-los na realização do que foi solicitado. Para algumas crianças, a ação de sequenciar corretamente uma história não é fácil. Obviamente, o professor não deve dar a resposta correta, mas, por meio de comentários que as façam refletir sobre suas ações, deve ajudar as crianças a compor a história corretamente.

› Detalhe importante

Não use histórias muito óbvias. Escolha preferencialmente as sem texto, para que as crianças possam criá-lo.

Fonte: Elaborado com base em Rangel, 2008.

3. Respeitando os colegas

MINHA ESCOLA É
_____

MEU NOME É:
_____

MINHA PROFESSORA É:
_____

> Objetivo

Valorizar relacionamentos interpessoais, percebendo diferenças entre as pessoas e a colaboração delas em diferentes atividades.

> Materiais

Papéis recortados no formato de grandes crachás (um para cada aluno); barbante ou fita adesiva para prender o crachá nos alunos.

> Desenvolvimento da atividade

Cada criança recebe um crachá em branco e deve preenchê-lo seguindo as orientações de seus professores. Primeiro, deve escrever seu nome, depois seu brinquedo favorito, sua cor favorita e, então, aquilo que a deixa mais feliz. Após o preenchimento do crachá, todas vão circular pela sala ao som de uma música. Quando ela for interrompida, cada aluno deve encontrar uma dupla, mostrar e explicar suas preferências descritas no crachá, de modo que, ao final da atividade, todos tenham conversado entre si.

› Questões para o professor

Durante esta atividade, o professor deve incentivar os alunos a escrever (se ainda não for possível, a desenhar) suas preferências, sem medo do julgamento dos outros. É possível separar os alunos, criando um clima de desafio, no qual um não verá o outro preenchendo o crachá até que a atividade esteja pronta. No decorrer da atividade, a expressão oral dos alunos e a defesa de seus pontos de vista devem ser incentivadas, garantindo-se que todos saibam se comunicar e ouvir seus colegas.

› Detalhe importante

No final da atividade, é importante que, reunidos, os alunos conversem sobre suas opiniões e as dos outros, no que se parecem e no que se distanciam. É essa conversa que vai fortalecer o entendimento de que as pessoas são diferentes, têm opiniões diferentes, mas podem trabalhar em parceria e ser amigas.

4. Valorizando as diferenças

> Objetivo

Incentivar nos alunos a valorização de si mesmos e dos outros, com base nas diferenças de cada um.

> Materiais

Papel para desenho, lápis de cor, canetas hidrocor e lápis grafite (para escrever).

> Desenvolvimento da atividade

Cada aluno deve desenhar a si mesmo em uma folha de papel, sendo o mais fiel possível às suas características (que já devem ter sido exploradas antes pelo professor). Por exemplo: cor de cabelo, cor dos olhos etc. Depois de acabar o desenho, a criança deve escrever, ao lado da boca, duas coisas que gosta de falar e o nome das pessoas a quem quer bem e, ao lado da orelha, duas coisas que gosta de ouvir. Em seguida, cada aluno deve apresentar seu desenho e suas escolhas aos colegas e, quando necessário, explicá-las.

> Questões para o professor

É importante que o professor circule entre os alunos para ajudá-los na execução da atividade e que esteja atento ao respeito às diferenças quando cada criança apresentar seu desenho e suas opções.

> Detalhe importante

Em salas de alfabetização, nem todas as crianças sabem escrever corretamente o que lhes foi pedido; assim, o professor deve auxiliar aqueles que precisarem, de forma que possam cumprir a tarefa solicitada.

5. *Show* de talentos

> Objetivos

Possibilitar que cada criança demonstre suas habilidades e seja reconhecida pelo seu grupo, ao mesmo tempo que também acolhe os colegas pelas suas habilidades.

> Materiais

Para esta atividade não são exigidos materiais especiais.

> Desenvolvimento da atividade

Os alunos serão desafiados a montar um *show* de talentos. Aqui propomos que cada um prepare em casa um "número" que possa apresentar aos seus colegas. Eles podem cantar, dançar, contar uma história ou utilizar qualquer outra forma de expressão com a qual a criança se sinta à vontade para demonstrar.

› Questões para o professor

Explique aos alunos o que vai acontecer. Permita que escolham o que lhes parecer interessante. Envolva os pais e responsáveis, mas deixe claro para eles que a ajuda será bem-vinda desde que a criança possa escolher seus personagens e sua vestimenta, para evitar que a ocasião se torne uma "competição" para eleger os melhores trajes ou apresentações.

› Detalhe importante

De acordo com o número de alunos, é possível apresentar o *show* dividido em mais de um dia.

6. Escrevendo cartas

> Objetivos

Oportunizar à criança a percepção da importância da leitura e da escrita no mundo contemporâneo.

> Materiais

Papel para escrita de cartas, envelopes e selos.

> Desenvolvimento da atividade

Depois de realizar visitas e/ou receber informações sobre casas que atendem idosos (e refletir sobre o que esses indivíduos já fizeram de bom para a sociedade e, também, sobre o fato de que poderiam ser avós dos alunos), cada criança será convidada a escrever uma carta a um idoso de determinada casa de repouso à escolha do professor. Na carta, as crianças devem expressar carinho e, caso seja necessário, podem utilizar desenhos.

> Questões para o professor

As crianças devem ser incentivadas a escrever palavras de carinho, sempre com a ajuda do professor, para que possam perceber como aquelas cartas vão alegrar as pessoas que as receberem.

> Detalhe importante

Se não for possível realizar a atividade com idosos, as crianças podem escrever as cartas para os próprios avós.

As seis atividades propostas não são únicas e devem ser adaptadas pelos professores de modo a atender aos seus objetivos no trabalho com classes heterogêneas. O Projeto Nacional de Intercâmbio de Experiências Educacionais (2007) propõe, ainda, ações que são específicas para a alfabetização em grupos heterogêneos – porém, consideremos que as atividades sugeridas são boas alternativas metodológicas para que as crianças ultrapassem suas barreiras em direção à escrita e à leitura convencional.

Vejamos, então, três práticas com as quais o professor deve se comprometer para alfabetizar crianças em grupos heterogêneos:

1. Mapear as diferentes formas de expressão de cada criança, levando em conta suas hipóteses sobre como se lê e como se escreve, a maneira como se expõe em grupo, seus interesses e desejos.

2. Garantir desafios individuais e em pequenos grupos.

3. Possibilitar que cada criança assuma diferentes papéis (mais velha/mais nova; quem desenha/quem escreve).

Na **primeira prática** descrita, há uma sugestão de mapeamento que pode ser realizada de acordo com os níveis indicados por Emilia Ferreiro (pré-silábico, silábico, silábico-alfabético e alfabético), os quais já abordamos no capítulo anterior. **É muito importante que o professor observe** seus alunos, perceba suas reações e veja como se portam em grupos, o que escrevem, de que maneira concebem a escrita.

A **segunda prática** sugerida corrobora as ideias de Vygotsky. Lembre-se de que, quando tratamos do tema ZDP, o autor sugere que os conhecimentos são formados apenas se estiverem próximos daqueles que as pessoas já detêm. Desse modo, **a criança deve ser desafiada de tal forma que não receba propostas de atividades tão fáceis que realize em pouco tempo nem tão difíceis que não consiga realizar**. Na verdade, o desafio é tão grande e válido quanto for sua capacidade de motivar o aprendizado do aluno.

A **terceira prática** citada diz respeito ao fortalecimento da criança com relação ao seu grupo. Ao determinar que ela assuma um papel na realização da atividade, o professor está transmitindo à criança uma ideia de confiança. Isso é crucial para aquele que está aprendendo a ler e a escrever, visto que **uma das dificuldades da alfabetização é justamente o fato de a criança não confiar em seus erros e acertos e, por consequência, "bloquear" seu aprender, por medo de errar**.

> Assim, quando o professor diz à criança que, em uma atividade, ela será a mais velha e, por isso, vai realizá-la no quadro, está mostrando que ela tem um lugar, que ela é importante. Obviamente que essa confiança sozinha não

> garante que os alunos aprendam a ler e a escrever, mas isso fortalece a autoestima, o que, por si só, pode ser um elemento fundamental para a aquisição da leitura e da escrita.

SÍNTESE

Neste capítulo, apresentamos alguns métodos de alfabetização que fazem parte da história da educação brasileira. Além disso, descrevemos o panorama atual da alfabetização no Brasil e apontamos a necessidade de uma mudança na prática docente em busca de melhores resultados. Expusemos também conceitos e reflexões sobre letramento na prática do professor alfabetizador, que hoje deve ser um profissional diferente daquele do tempo em que se alfabetizava com métodos.

INDICAÇÃO CULTURAL

ARTIGOS

ATIVIDADES com nomes educação infantil. Disponível em: <https://professoresherois.com.br/atividades-com-nomes-educacao-infantil/>. Acesso em: 30 abr. 2023.

O trabalho com nomes na educação infantil é uma atividade lúdica de muito significado para a criança. Há muitas possibilidades de desenvolvimento de atividades com esse sentido, como as apresentadas nesse artigo.

INSTITUTO NEUROSABER. A diferença entre consciência fonológica e consciência fonêmica. 26 maio 2021. Disponível em: <https://institutoneurosaber.com.br/a-diferenca-entre-consciencia-fonologica-e-consciencia-fonemica/>. Acesso em: 30 abr. 2023.

Sugerimos a leitura desse artigo para um entendimento mais aprofundado da distinção entre consciência fonológica e consciência fonêmica.

DOCUMENTO

BRASIL. Ministério da Educação. Secretaria de Educação Básica. Conselho Nacional de Educação. Base Nacional Comum Curricular: educação é a base. Brasília, 2018. Disponível em: <http://basenacionalcomum.mec.gov.br/images/BNCC_EI_EF_110518_versaofinal_site.pdf>. Acesso em: 30 abr. 2023.

É muito importante que todos os professores se dediquem ao estudo da BNCC, tendo em vista sua relevância para o trabalho educativo.

FILME

NELL. Direção: Michael Apted. EUA: 20th Century Fox Film, 1994. 115 min.

Trata-se de um clássico cinematográfico que ajuda a entender um pouco melhor o processamento da linguagem e o poder do meio em sua aquisição (como fator cultural). Nele, a menina Nell tem uma linguagem muito diferente da coloquial, pois viveu isolada do mundo até a morte de sua mãe. A linguagem tem um papel fundamental na descoberta da cultura da menina.

VÍDEOS

AO VIVO: desafios do processo de alfabetização. Movimento pela Base, 15 jun. 2022. 57 min. Disponível em: <https://www.youtube.com/watch?v=wxjaImR3dK0>. Acesso em: 30 abr. 2023.

Esse vídeo apresenta os desafios do processo de alfabetização considerando-se a mudança de cenário imposta pelas aulas remotas no período da pandemia de Covid-19. Com a volta da presencialidade, o desafio escolar aumentou. O vídeo em questão trata desse assunto de maneira muito comprometida e proporciona boas reflexões aos professores.

BNCC na Prática: textos multissemióticos na aula de Língua Portuguesa. Nova Escola, 26 mar. 2019. 8 min. Disponível em: <https://www.youtube.com/watch?v=kRvtnRDlh6A&t=5s>. Acesso em: 30 abr. 2023.

Quer aprender a trabalhar com textos multissemióticos? O vídeo indicado ensina o conceito em questão evidenciando experiências práticas a fim de possibilitar ao professor aprender mais sobre essa nova forma de alfabetizar, privilegiando o multiletramento. Vídeo de professor para professor! Não deixe de assistir.

CAMPOS de atuação – Língua Portuguesa. ProBNCC Espírito Santo, 9 set. 2019. 3 min. Disponível em: <https://www.youtube.com/watch?app=desktop&v=NrIRQj9FekU&feature=emb_imp_woyt>. Acesso em: 30 abr. 2023.

Assista ao vídeo indicado para aprender mais sobre os campos de atuação, essa novidade trazida pela Base Nacional Comum Curricular (BNCC).

ATIVIDADES DE AUTOAVALIAÇÃO

[1] Sabe-se que todas as formas de ensinar a ler e escrever são embasadas em algumas ideias (que podem ser equivocadas ou não). A seguir, são apresentadas quatro concepções sobre alfabetização. Leia cada uma delas e indique se são verdadeiras (V) ou falsas (F).

[ ] Naturalmente, no começo do processo de ensino, as crianças não sabem nada e é preciso ensinar-lhes tudo.

[ ] As crianças aprendem passo a passo: do mais simples ao mais complexo, sequencial e cumulativamente. Hoje uma letra, sílaba ou palavra, amanhã outra.

[ ] As crianças elaboram ideias na tentativa de atribuir significados à escrita. Essas ideias mudam em contato com a escrita, por reconhecimento, inferência ou reconstrução da informação que lhes é oferecida. Não é um processo aditivo, passo a passo, mas um processo mais complexo de estruturação

e, em parte, de reconstrução da linguagem escrita da comunidade.

[ ] Pode-se escrever e ler textos, mesmo antes de dominar o código alfabético. Os textos constituem a unidade comunicativa básica. Dessa maneira, a linguagem escrita está relacionada desde o início à sua função fundamental: comunicar.

Agora, assinale a alternativa que apresenta a sequência correta:

[A] V, V, F, F.
[B] F, F, V, V.
[C] V, V, F, V.
[D] F, F, V, F.

[2] Leia as afirmações a seguir sobre os processos de alfabetização e letramento e classifique-as como verdadeiras (V) ou falsas (F).

[ ] Por mais que se discuta, o conceito de alfabetização nunca vai evoluir. Para alfabetizar, é preciso dominar, desde a fase silábica, as regras da escrita.

[ ] Letramento é a arte de ensinar a criança a traçar letras bonitas.

[ ] Para ser alfabetizador, é fundamental reconhecer que a aprendizagem da leitura e da escrita tem uma função social e cultural.

[ ] Leitura e escrita são aprendizagens que a escola pode ajudar a desenvolver.

Agora, assinale a alternativa que apresenta a sequência correta:
[A] V, V, F, F.
[B] F, F, V, V.
[C] V, V, F, V.
[D] F, F, V, F.

[3] Com relação à alfabetização como prática de letramento, é possível afirmar que:
   [A] alfabetizamos também para ajudar crianças a desfrutar de sua cidadania.
   [B] letramento e alfabetização são realidades diferentes, não sendo possível praticá-las simultaneamente.
   [C] o método sintético é facilmente trabalhado na prática de letramento.
   [D] a prática de letramento fica mais fácil quando os alunos estudam em classes homogêneas (em que todos estão aparentemente na mesma etapa de aprendizagem), pois, assim, eles têm possibilidade de progredir mais rapidamente, apresentando evolução idêntica à dos colegas de sala.

[4] Uma alfabetização sem o uso de métodos pressupõe que:
   [A] as crianças aprendem passo a passo: do mais simples ao mais complexo, sequencial e cumulativamente. Hoje, uma letra, sílaba ou palavra, amanhã outra.

[B] no começo do processo de ensino, as crianças não sabem nada e é preciso ensinar-lhes tudo.

[C] além das características do sistema alfabético, as crianças aprendem as características próprias da linguagem escrita que se usa em diferentes situações, com distintas finalidades e em diferentes tipos de texto.

[D] não se podem construir textos sem dominar o código de decifração de nosso sistema alfabético.

[5] Analise as afirmações a seguir sobre os métodos de alfabetização e classifique-as como verdadeiras (V) ou falsas (F).

[ ] Se o professor quiser seguir essa prática (alfabetizar-letrar), precisa, antes de tudo, ser letrado.

[ ] O método analítico inicia o processo de alfabetização por uma palavra, frase ou história (que apresenta uma palavra-chave); é isso que desencadeará o estudo das letras e dos sons que compõem a palavra escolhida.

[ ] Só existem dois tipos de método para alfabetizar: analítico e misto.

[ ] É importante salientar que cada método de alfabetização se constrói com base em uma concepção sobre o que é linguagem e como a criança aprende.

Agora, assinale a alternativa que apresenta a sequência correta:

[A] V, V, F, F.
[B] F, F, V, V.
[C] V, V, F, V.
[D] F, F, V, F.

ATIVIDADES DE APRENDIZAGEM

QUESTÕES PARA REFLEXÃO

[1] Em duplas, analisem a frase: "Temos despertado para o fenômeno do **letramento**: estarmos incorporando essa palavra ao vocabulário educacional significa que já compreendemos que o problema não é apenas ensinar a ler e a escrever, mas é, sobretudo, levar os indivíduos (crianças e adultos) a fazer uso da leitura e da escrita, envolver-se em práticas sociais de leitura e de escrita". Após a reflexão sobre essa afirmação, apontem duas facilidades e duas dificuldades em se fazer um trabalho que vise ao letramento.

[2] Reflita: Você conhece alguém que seja analfabeto funcional? Acredita que existem muitas pessoas nessa condição no Brasil? O que você pode fazer na realidade em que vive para acabar com esse problema?

ATIVIDADES APLICADAS: PRÁTICA

[1] Pesquise e encontre pessoas que:

> foram alfabetizadas na primeira série com cartilha;
> foram alfabetizadas antes de entrar na escola;
> foram alfabetizadas na educação infantil;
> foram alfabetizadas antes dos 5 anos;
> não foram alfabetizadas no primeiro ano de sua escolaridade;
> foram alfabetizadas observando algum adulto ou criança mais velha;
> têm boas recordações de seu processo de alfabetização;
> têm péssimas recordações de seu processo de alfabetização.

Depois de localizar em sua realidade pessoas que se encaixem nesses perfis, compartilhe suas experiências com seu grupo de estudos, com o objetivo de, ao lembrarem fatos interessantes e significativos de sua infância, poderem verificar como é importante o processo de alfabetização para a criança.

[2] Em trios, escrevam em uma folha: "Estar alfabetizado é...". O objetivo é que vocês discutam entre si até encontrarem um modo de completar a frase e satisfazer a todos os participantes do grupo.

três...

Alfabetização com significado

Nossa proposta, neste capítulo, é oportunizar uma reflexão sobre o tema *alfabetização e linguística*, buscando nessa ciência contribuições para a prática de alfabetização da criança. Nesse contexto, examinaremos a importância de se considerarem as experiências linguísticas que o infante já tem quando se propõe um trabalho de alfabetização com significado, bem como a necessidade de se priorizar a ideia de que ele deve ter acesso às funções sociais da escrita, ou seja, entender para que servem a escrita e a leitura na sociedade em que vivemos. Apresentaremos, ainda, algumas atividades que podem otimizar o trabalho em sala de aula, ressaltando a relevância de sua contextualização e, principalmente, a responsabilidade do professor em desenvolver ações baseadas em concepções seguras sobre o que é necessário fazer para a criança aprender a ler e a escrever.

3.1 A LINGUÍSTICA COMO CONTRIBUIÇÃO

Para abordarmos o tema desta seção, devemos começar pela definição de *linguística*. Segundo o Dicionário Michaelis, **linguística é o "estudo científico da linguagem humana em sua totalidade, em sua realidade multiforme e em suas numerosas relações"** (Linguística, 2023, grifo nosso). Podemos afirmar, em linhas gerais, que a linguística é a ciência que estuda a linguagem. Só por essa definição já é possível imaginar as ligações que o estudo dessa área tem com a alfabetização, tema que vamos detalhar na sequência.

Como mencionamos anteriormente, a criança que está no início de sua escolaridade, no ensino fundamental, já é capaz de falar com desembaraço e precisão em diversas situações, pois, desde aproximadamente 1 ano, começou a entender a linguagem que é usada para falar com ela; assim, mais ou menos aos 3 anos, a criança já entende o que lhe é dito. Dessa forma, a escola não pode desconsiderar isso ao propor trabalhos de alfabetização (Cagliari, 1991).

Curiosamente, para aprender a falar, o infante não precisou de nenhuma sistematização da linguagem oral: bastou estar no meio de falantes para falar também. Obviamente, o caminho traçado nem sempre parece simples e lógico, mas é sempre condizente com o modo de ser da criança.

De acordo com a Associação Nacional de Dislexia (Andislexia, 2010), aproximadamente aos 6 anos, idade em que a maioria das crianças entra no ensino fundamental, a criança:

- *usa a gramática adequadamente;*
- *compreende o significado das frases;*
- *nomeia os dias da semana em ordem e conta até 30;*
- *conta uma história de quatro ou cinco fatos e começa a ter noção de causa/efeito;*
- *sabe o dia e mês de seu aniversário, seu sobrenome, endereço e telefone;*
- *distingue direita e esquerda;*
- *conhece a maioria das palavras opostas e o significado de: "através", "até", "em direção a", "longe", "desde";*
- *sabe o significado e usa corretamente as palavras: "hoje", "ontem" e "amanhã";*
- *formula perguntas utilizando: "Como?", "Quê?", "Por quê?";*
- *pergunta o significado de palavras novas ou pouco familiares;*
- *relata experiências diárias.*

Como podemos, então, como alfabetizadores, desconsiderar tudo isso? Não podemos esquecer que as crianças que entram no ensino fundamental já têm um vasto caminho linguístico delineado, pois geralmente têm entre 6 e 7 anos.

Assim, como em toda aprendizagem que pretende ser significativa, para alfabetizar uma criança, devemos fazer nossas intenções educativas partirem do conhecimento prévio que ela já tem.

> **Para refletir**
>
> Como ensinar português para alguém que já sabe falar português?

Em primeiro lugar, é necessário considerar que esse alguém sabe algumas coisas e não sabe outras e que há muito a ser feito, atividades novas e interessantes, que possam cumprir com o objetivo maior de todo ensino de língua portuguesa: mostrar como funciona a linguagem humana, quais são seus usos nas mais variadas situações (Cagliari, 1991).

No entanto, a maioria dos professores alfabetizadores, no intuito de sistematizar suas ações, por vezes se esquece de considerar o que a criança já sabia e desenvolve atividades descontextualizadas desses saberes. Kramer (2001, p. 153) faz suas considerações sobre isso: "É importante lembrar que, no Brasil, muitas crianças e jovens das camadas populares permanecem anos na escola sem se tornarem leitores, sem adquirir familiaridade com os processos de escrita ou mesmo sem aprender a resolver problemas simples de matemática". A autora ainda pondera que, nos estudos referentes ao fracasso da educação brasileira, as causas apontadas se resumem ao seguinte: "professores e equipes com frequência não sabem como lidar com diferentes culturas, valores, classes sociais, práticas, hábitos e linguagens, tendo enormes dificuldades para ensinar crianças que provêm das famílias pobres, com pouco acesso a contextos, produtos e materiais escritos" (Kramer, 2001, p. 153).

> **Para refletir**
> Se o Brasil sabidamente é um país de pluralidade cultural, não parece ser aceitável que a escola tenha dificuldade em lidar com o que é tido como característica de nosso povo: diferentes culturas, valores, classes sociais, práticas, hábitos e linguagens.

Consideremos, entretanto, que não é o puro acesso a materiais escritos em casa, como revistas, rótulos, folhetos e livros, que garantirá a qualidade da alfabetização escolar. Materiais e ações que remetam à escrita (escrever uma lista de compras, receber uma carta, deixar um recado escrito para alguém) são acessíveis a crianças que crescem em um ambiente alfabetizado, além de estarem diretamente associados a um dos principais elementos do trabalho da alfabetização: a função social da leitura e da escrita (Ferreiro, 1993). É válido destacar que os infantes provenientes de lares com níveis baixos ou nulos de alfabetização não têm acesso à função social da leitura e da escrita, cabendo à escola demonstrá-la por meio de ações intencionais e competentes.

Também podemos considerar como contribuição da linguística às ações de alfabetização as reflexões acerca do que é certo ou errado e do que é diferente nas variedades linguísticas. Cagliari (1991, p. 34) indica que "a língua portuguesa, como qualquer outra língua, tem o certo e o errado somente em relação à sua estrutura. Com relação ao uso pelas comunidades falantes, não existe o certo e o errado linguisticamente, existe o diferente".

> **Importante!**
> A pertinência da colocação de Cagliari (1991) está na ponderação de que, possivelmente, alunos vindos de comunidades que não convivem com livros, escrita e leitura e, por conseguinte, falam um dialeto diferente do falado na escola terão maiores dificuldades no processo de alfabetização.

Para alguns alunos, o processo de alfabetização tem o mesmo nível de dificuldade que aprender uma língua estrangeira tem para outros (Cagliari, 1991).

Seguramente existe nos meios sociais uma cultura em que predomina a valorização da linguagem escrita, mas é importante observar que a fala também é bastante destacada pela linguística e, via de regra, não muito valorizada na escola. Veja o que afirma Cagliari (1991, p. 37) sobre esse assunto:

> *A escola comumente leva o aluno a pensar que a linguagem correta é a linguagem escrita, que a linguagem escrita é por natureza lógica, clara, explícita, ao passo que a linguagem falada é por natureza mais confusa, incompleta, sem lógica etc. Nada mais falso. A fala tem aspectos que a escrita não revela e a escrita tem aspectos que a linguagem oral não usa. São dois usos diferentes, cada qual com suas características próprias.*

Assim, é fundamental considerar que muitos dos **"erros"** dos alunos são, na verdade, escritas que retratam sua fala. Basicamente, ele erra a forma ortográfica porque se baseia na forma fonética, como no caso em que escreve *talveis* (talvez) e *nóis* (nós). De acordo com Cagliari (1991), esses erros devem funcionar para a escola como reflexão sobre os usos linguísticos, embora nosso sistema de escrita seja alfabético e, no processo de aprendizagem, os alunos devam estabelecer as relações existentes entre os sons da fala e as letras na escrita convencional.

Se o professor compreender que o aluno aprende melhor o que mais lhe interessa, perceberá que, em um primeiro momento de aprendizagem da escrita, é mais importante que a criança se expresse do que escreva "certo". Nessa perspectiva, pontuação e ortografia são trabalhadas gradativamente, visto que a introdução à norma-padrão ocorre paralelamente à capacidade de criação (Ferreiro, 1993).

De maneira geral, em uma proposta de alfabetização para os dias atuais, levando-se em conta as concepções estudadas, é preciso considerar (Curto; Morillo; Teixidó, 2000):

› as relações entre a linguagem oral e a linguagem escrita, uma vez que são linguagens distintas – oralizar o escrito é tarefa fundamental, assim como elaborar a linguagem oral para ser escrita;

› a aprendizagem do sistema alfabético, isto é, das leis de codificação e decodificação, o que, embora não possa ser considerado como alfabetização propriamente dita, é uma parte importante do processo;

› a necessidade de produzir textos escritos;

› a necessidade de compreender a leitura como interpretação e compreensão de textos;

› os textos como elementos básicos para o trabalho;

› a gramática como elemento de análise e reflexão sobre a própria língua;

› a importância das linguagens verbal e não verbal.

Na sequência deste capítulo, abordaremos mais detalhadamente exemplos de atividades específicas para a alfabetização como sugestão para o desenvolvimento de trabalhos em sala de aula. É importante ressaltar que as atividades aqui descritas não são as únicas nem as melhores. São meras sugestões que podem e devem ser adaptadas a cada realidade. Uma boa atividade é caracterizada pela adequação à sala de aula em questão. Fica, então, a critério do professor a adaptação das atividades propostas à sua vivência.

Cabe observar que um ponto muito importante apresentado na Base Nacional Comum Curricular (BNCC) diz respeito à análise linguística e às atividades metalinguística e epilinguística. A análise linguística, como o nome sugere, é uma forma de analisar os textos produzidos e encontrados no ambiente em que se vive. Aqui estamos nos referindo à análise dos textos com os quais os alunos têm contato no ambiente escolar do ensino fundamental. A análise linguística pode se dar tanto pelo texto a que o aluno tem acesso quanto pelo texto que ele produz.

Na produção textual, destacam-se as atividades epilinguística e metalinguística, que podem ser compreendidas da seguinte maneira (Miller, 2003):

> **Atividade epilinguística**: é a reflexão que se faz sobre o texto que é lido ou escrito. Tal reflexão é feita durante o ato de escrita ou de leitura, para que o leitor ou autor possa compreender melhor o texto, melhorando sua lógica mediante o uso de diferentes categorias de gramática e ortografia.

> **Atividade metalinguística**: é o estudo da gramática convencional, o ato de estudar a linguagem, de analisá-la como objeto de estudo.

A BNCC salienta que a ideia de considerar a análise linguística como parte da alfabetização apoia-se na proposta de melhorar a produção dos alunos, para que possam lançar mão dos recursos disponíveis na gramática e na ortografia e produzir textos de melhor qualidade, ampliando sua capacidade de escrita (Brasil, 2018).

> **Preste atenção!**
> "É na vivência de atividades epilinguísticas que o aluno tem a chance de refletir sobre o uso dos recursos linguísticos que domina, contrapondo-o ao uso que deles faz a língua em seu estatuto padrão cujo domínio a escola deve garantir. Essas atividades [...] propiciam um trabalho de reflexão sobre o uso da linguagem" (Miller, 2003, p. 4)

3.2 O PROFESSOR ALFABETIZADOR

Além das discussões pertinentes à alfabetização, no que diz respeito ao ponto de vista da criança, abordaremos também a questão do professor alfabetizador, dada sua importância nesse contexto de ensino.

Ao escolher ser alfabetizador, o professor deve ter em mente como a criança aprende e entender plenamente que o processo de alfabetização começa antes mesmo de a criança ir para a escola, nas vivências e nos contatos que tem com todas as formas de linguagem que a rodeiam.

> De acordo com Kramer (2001), ao se propor a alfabetizar alguém, o professor deve responder a três questionamentos básicos:
> 1. Por que sou alfabetizador?
> 2. O que é alfabetizar?
> 3. Para que sou alfabetizador?

Para responder à primeira questão, é preciso que cada um reveja sua história de vida pessoal. Alguns são alfabetizadores por idealismo; outros, por vontade de contribuir com a formação das crianças; e outros, ainda, porque sua escolaridade foi tão ativa e dinâmica que gostariam de continuar com sua prática na escola. Há também aqueles que, por terem estudado em escolas autoritárias e asfixiantes, sentem-se motivados a aplicar práticas educativas diferentes das que vivenciaram.

> Por mais que essas respostas sejam diferentes para cada um de nós, é importante perceber que, ao escolhermos ser alfabetizadores, passamos a conviver com situações, dificuldades e problemas semelhantes, o que nos torna companheiros na busca por respostas. Somos alfabetizadores e podemos contar com ajuda em nosso trabalho.

A segunda questão só tem respostas possíveis se compreendermos o que é alfabetização. Ao entendermos que alfabetizar-se é conhecer o mundo, comunicando-se e expressando-se, concebemos que a criança pode conhecer seu mundo quando pega, cheira, dramatiza, escreve, desenha, cola, monta, fala, conversa. Assim, o alfabetizador passa a ser alguém que favorece o processo de alfabetização, propiciando que os alunos realizem atividades organizadas de tal forma que as muitas maneiras de representação infantil (colar, falar, montar, cheirar etc.) sejam contempladas e, gradativamente, ampliadas até se chegar à linguagem convencional. Para ser alfabetizador, é fundamental reconhecer que a aprendizagem da leitura e da escrita tem uma função social e cultural.

A ideia do "**para que alfabetizo?**" é essencial para a escolha do "**como alfabetizar**", pois orienta a escolha das técnicas e das atividades. Alfabetizamos também para ajudar crianças a desfrutar de sua cidadania.

Com a inserção do conceito de *letramento* no ensino, passou-se a exigir do professor alfabetizador que "alfabetize-letre" seus alunos. Para isso, ele precisa tanto ensinar os conhecimentos linguísticos necessários ao domínio dos processos de codificação e decodificação quanto (e simultaneamente) desenvolver o processo de letramento na exploração dos diferentes tipos de texto (Silva, 2006).

Descrevemos, a seguir, os cinco eixos fundamentais de trabalho a serem considerados para a prática do professor alfabetizador para "alfabetizar letrando" (Minas Gerais, 2003):

1. **Compreensão e valorização da cultura escrita**: a criança deve ampliar seu grau de letramento, a fim de que possa, além de conhecer os modos de manifestação e circulação da escrita na sociedade, utilizá-los e valorizá-los, bem como conhecer os usos e as funções da escrita, desenvolvendo as capacidades necessárias para escrever.

2. **Apropriação do sistema de escrita**: a criança deve adquirir as noções das regras que orientam a leitura e a escrita no sistema alfabético e, paulatinamente, desenvolver o domínio da ortografia da língua portuguesa.

3. **Leitura**: a criança deve aprender tanto a decifrar o código linguístico quanto a compreender o que lê, construindo sentidos.

4. **Produção de texto**: a criança precisa compreender a escrita como prática social e, consequentemente, cultural.

5. **Desenvolvimento da oralidade**: a criança necessita tanto conhecer e valorizar práticas de linguagem diferentes da sua como ter sua linguagem valorizada, para apropriar-se da linguagem considerada padrão, legitimando sua linguagem cultural.

É muito importante compreender, contudo, que é preciso considerar os quatro eixos de trabalho propostos pela BNCC para a alfabetização: oralidade, análise linguística, leitura e produção de texto, todos abordados neste livro. Em outras palavras, não se pode alfabetizar levando em conta somente um desses eixos. Ao contrário, os quatro são relevantes e devem estar inter-relacionados nos trabalhos educativos, pois são complementares.

Tendo em vista os eixos apresentados, propomos, a seguir, com base em Rangel (2008), uma série de atividades que podem ser realizadas pelo professor para alfabetizar crianças conforme o princípio de letramento.

COMPREENSÃO E VALORIZAÇÃO DA CULTURA ESCRITA

Nesse caso, propomos **atividades de compartilhamento de histórias**. A primeira sugestão é que as crianças compartilhem com os colegas histórias de que gostam (podem trazer de suas casas ou retirar na biblioteca da escola). É importante considerar que, quando elas compartilham histórias, também partilham sua opinião. O professor pode pedir que cada aluno fale sobre a história que trouxe e leia para os colegas sua parte preferida. Depois de apresentar sua história, o estudante responderá às perguntas dos colegas sobre o livro.

A atividade também pode ser realizada pelo compartilhamento de histórias da própria vida dos discentes.

Eles podem escrevê-las ou pedir a ajuda de um adulto para fazê-lo. Em seguida, é possível ilustrar e encadernar as histórias da sala toda, compondo-se um livro de histórias da turma, que pode fazer parte da biblioteca da escola.

Uma terceira opção, ainda, é que, a cada evento de que as crianças participem, elas sejam convidadas a compor um texto. Ao fim do ano, a professora pode propor a elaboração de um livro que conte a história daquela turma. Assim, serão escolhidos textos de todos os alunos. Cada um escreverá sobre um tema, sobre um acontecimento e, desse modo, todos participarão da construção da história do que viveram naquele ano letivo.

APROPRIAÇÃO DO SISTEMA DE ESCRITA

Para a apropriação do sistema de escrita, propomos **atividades com o uso do dicionário**. O professor pode confeccionar com os alunos dicionários temáticos – um exemplo bem conhecido é o "bichonário", no qual são listados animais de A até Z, com especificações sobre cada espécie. As atividades com dicionário podem servir para tirar dúvidas sobre a escrita de uma palavra (ortografia) e esclarecer os significados de termos desconhecidos. Dicionários também podem ser utilizados para pesquisar outros significados de uma palavra já conhecida ou para descobrir coisas a respeito de determinadas palavras.

LEITURA

Uma sugestão são as atividades de leitura em que **o professor lê para as crianças**. O professor pode iniciar a leitura e depois passar a vez para alguns alunos da sala. Pode-se pedir para que cada criança leia um pedaço (convém destinar pedaços pequenos para cada uma, pois elas ainda não têm habilidade na leitura).

É possível, ainda, convidar os pais dos alunos para lerem uma história para toda a turma ou convidar um representante da escola para tal função. O importante é que esse fique caracterizado como o "dia da leitura" e que os convidados leiam (e não contem) histórias para as crianças, no sentido de explicar a elas como é importante o ato de ler na sociedade. Trabalhar com gibis (histórias em quadrinhos) também é um excelente recurso para valorizar e incentivar a leitura em sala de aula.

PRODUÇÃO DE TEXTO

Além de sugerir atividades para a produção de texto, vamos refletir um pouco sobre as condições necessárias para isso. E por que essa reflexão é importante? Porque um dos maiores problemas enfrentados nas escolas diz respeito à apresentação de propostas de produção de texto aos alunos sem que tenham sido explicadas e sem que eles tenham vivenciado as condições necessárias para fazer essas atividades. Mas de que condições estamos falando?

Em primeiro lugar, cada tipo de texto pressupõe uma forma de escrita, correto? Os professores sabem disso, mas nem sempre os alunos sabem, e é tarefa da escola ensiná-los. Então, é preciso abastecer os alunos com informações e colocá-los em contato com diferentes textos para que possam conhecer quais formas e características correspondem a cada tipo de texto e quais são as estratégias que eles têm disponíveis para usar nas produções. Não basta, no entanto, que o professor ofereça diferentes tipos de texto: é necessário que ele analise e explique para os alunos por que aqueles textos são diferentes uns dos outros.

De modo geral, as condições necessárias para uma produção de texto dizem respeito aos seguintes aspectos (Marcuschi, 2023, grifo do original):

> ***conteúdo temático*** *(assunto tratado no texto)*, *interlocutor visado (sujeito a quem o texto se dirige e que pode ser conhecido ou presumido)*, ***objetivo a ser atingido*** *(propósito que motiva a produção)*, ***gênero textual*** *próprio da situação de comunicação (regras de jogo, conto, parlenda, debate, publicidade, tirinha etc.)*, ***suporte*** *em que o texto vai ser veiculado (jornal mural, jornal da escola, rádio comunitária, revista em quadrinhos, panfleto etc.) e, até mesmo, ao* ***tom*** *a ser dispensado ao texto (formal, informal, engraçado, irônico, carinhoso etc.).*

Claro que essa listagem de condições não é rígida e a criatividade de cada professor deve determinar como seus alunos farão uso desses preceitos. Os textos mais originais e criativos podem fugir à regra, mas não há como um professor, atualmente, deixar de apresentar textos diferentes aos seus alunos, bem como incentivar que escrevam cada vez mais utilizando recursos diferentes.

Por isso, a atividade do professor é incentivar a escrita: as crianças, desde muito pequenas, devem ser incentivadas a escrever textos, pequenos contos, anúncios. A seu modo, elas podem nos mostrar que entendem muito de produção de texto, mas precisam que os professores as incentivem nesse sentido. Um exemplo de atividade de produção de texto consiste em pedir aos discentes que recortem de revistas alguns alimentos de que gostam, a fim de compor um anúncio de venda desses produtos; em seguida, pode-se pedir que respondam a questões como: Que palavras poderiam ser utilizadas para descrever tais alimentos? Qual o preço que poderia ser colocado?

A produção de texto é uma das atividades fundamentais para o desenvolvimento das habilidades de leitura e escrita nos alunos, e o professor deve propor essas práticas a todo momento, com a maior criatividade possível.

DESENVOLVIMENTO DA ORALIDADE

É importante **desenvolver atividades que estimulem a oralidade**, pois nem tudo no trabalho de alfabetização diz respeito à leitura e à escrita. É necessário o desenvolvimento de atividades em que a criança possa ler em voz alta e, posteriormente, falar com os outros sobre o que leu, de forma a valorizar sua cultura e ter valorizada sua linguagem, bem como a aprender a falar em público, contando suas preferências, suas opções etc. O desenvolvimento da oralidade não ocorre em um único momento da aula, e sim continuamente. Por isso, o professor deve estar sempre atento e possibilitar que os discentes partilhem suas ideias, justifiquem suas escolhas e, assim, possam desenvolver cada vez mais sua oralidade.

Vamos fazer uma reflexão no intuito de destacar que, se o professor quiser seguir essa prática (alfabetizar-letrar), precisa, antes de tudo, ser letrado. Então, transformemos todos esses itens em nossa prática diária de profissionais da educação. Devemos nos perguntar: "Eu realmente compreendo e valorizo a cultura escrita?"; "Eu me apropriei do sistema escrito?"; "Leio regularmente?"; "Produzo textos diversos?"; "Melhoro e desenvolvo minha oralidade?".

Ninguém dá aquilo que não tem, certo? Então, vamos refletir sobre nossas concepções teóricas e nossas práticas de linguagem para podermos verdadeiramente ser professores alfabetizadores em tempo de letramento. O texto a seguir também tem a função de nos fazer refletir. Leia-o e analise-o com atenção.

Receita de alfabetização

Pegue uma criança de 6 anos e lave-a bem. Enxágue-a com cuidado, enrole-a num uniforme e coloque-a sentadinha numa sala de aula. Nas oito primeiras semanas, alimente-a com exercícios de prontidão. Na 9ª semana ponha uma cartilha nas mãos da criança. Tome cuidado para que ela não se contamine no contato com livros, jornais, revistas e outros perigosos materiais impressos. Abra a boca da criança e faça com que engula as vogais. Quando tiver digerido as vogais, mande-a mastigar, uma a uma, as palavrinhas da cartilha. Cada palavra deve ser mastigada, no mínimo, 60 vezes, como na alimentação macrobiótica. Se houver dificuldade para engolir, separe as palavras em pedacinhos.

Mantenha a criança em banho-maria durante quatro meses, fazendo exercícios de cópia. Em seguida, faça com que a criança engula algumas frases inteiras. Mexa com cuidado para não embolar.

Ao fim do oitavo mês, espete a criança com um palito, ou melhor, aplique uma prova de leitura e verifique se ela devolve pelo menos 70% das palavras e frases engolidas. Se isso acontecer, considere a criança alfabetizada. Enrole-a num bonito papel de presente e despache-a para a série seguinte.

Se a criança não devolver o que lhe foi dado para engolir, recomece a receita desde o início, isto é, volte aos exercícios de prontidão. Repita a receita tantas vezes quantas forem necessárias. Ao fim de três anos, embrulhe a criança em papel pardo e coloque um rótulo: *aluno renitente*.

Alfabetização sem receita

Pegue uma criança de 6 anos ou mais, no estado em que estiver, suja ou limpa e coloque-a numa sala de aula onde existam muitas coisas escritas para olhar e examinar. Servem jornais velhos, revistas, embalagens, propaganda eleitoral, latas vazias, caixas de sabão, sacolas de supermercado, enfim, vários tipos de materiais que estiverem a seu alcance. Convide as crianças para brincarem de ler, adivinhando o que está escrito: você vai ver que elas já sabem muitas coisas.

Converse com a turma, troque ideias sobre quem são vocês e as coisas de que gostam e não gostam. Escreva no quadro algumas das frases que foram ditas e leia-as em voz alta. Peça às crianças que olhem os escritos que existem por aí, nas lojas, nos ônibus, nas ruas, na televisão. Escreva algumas dessas coisas no quadro e leia-as para a turma.

> Deixe as crianças recortarem letras, palavras e frases dos jornais velhos e não esqueça de mandá-las limpar o chão depois, para não criar problema na escola.
>
> Todos os dias, leia em voz alta alguma coisa interessante: historinha, poesia, notícia de jornal, anedota, letra de música, adivinhações.
>
> Mostre alguns tipos de coisas escritas que elas talvez não conheçam: um catálogo telefônico, um dicionário, um telegrama, uma carta, um bilhete, um livro de receitas de cozinha.
>
> Desafie as crianças a pensarem sobre a escrita e pense você também. Quando elas estiverem escrevendo, deixe-as perguntar ou pedir ajuda ao colega. Não se apavore se uma criança estiver comendo letra: até hoje não houve caso de indigestão alfabética. Acalme a diretora se ela estiver alarmada.
>
> Invente sua própria cartilha. Use sua capacidade de observação para verificar o que funciona, qual o modo de ensinar que dá certo na sua turma. Leia e estude você também.
>
> Fonte: Carvalho, 2023, p. 132-133, grifo do original.

Como é possível perceber, ser um professor que se propõe a alfabetizar requer muita dedicação e estudos, além de um pouco de ousadia para propor atividades que possam educar as crianças dos dias de hoje.

3.3 ATIVIDADES SUGERIDAS PARA UM TRABALHO DE ALFABETIZAÇÃO

Como já mencionamos, a primeira preocupação do professor deve ser a de procurar trabalhar com elementos significativos. Ora, o que pode ter mais significado do que o nome da criança? Por isso, como destacado no capítulo anterior, propomos começar o trabalho de alfabetização com o nome da criança. Há muitos materiais que podem ser confeccionados pelo professor para pôr em prática essa proposta. Crachá e lista de alunos são duas importantes opções:

› **Crachás** (escrever, de um lado, o nome do aluno em letra de forma e, de outro, em letra cursiva): o professor deve ter cuidado para escrever os nomes corretamente e para não esquecer ninguém. As sugestões para o trabalho com o crachá são:

» chamar a criança pelo nome e pedir que ela o repita;

» mostrar o crachá para a turma e dizer o nome do aluno para a criança levantar e buscá-lo;

» mostrar um crachá, ler e esperar que o dono ou seus colegas o reconheçam;

» embaralhar os crachás, entregar um para cada criança e pedir que cada aluno entregue o crachá em seu poder ao respectivo dono;

- » misturar os crachás na mesa do professor e pedir às crianças que, fileira por fileira, venham procurar o seu pela identificação do nome;

- » separar os crachás por fileiras e deixá-los na primeira carteira; a um sinal dado pelo professor, o primeiro aluno pega o seu e passa o restante para trás e assim sucessivamente, até chegar ao último da fileira;

- » de posse de seu crachá, cada criança conta o número de letras de seu nome e compara com os dos colegas;

- » em uma última atividade com os crachás, após um trabalho aprofundado com os alunos, o professor pode montar um quebra-cabeça, recortando as letras ou as sílabas dos nomes, e pedir que cada aluno construa seu nome outra vez, colando as partes em outra folha de papel.

› **Lista de alunos** (primeiramente em letra de forma; depois, em letra cursiva): o professor deve montar um cartaz com os nomes de todos os alunos para ficar exposto em sala de aula. Os nomes devem ser numerados e estar em ordem alfabética. As sugestões para o trabalho com a lista são:

- » pedir às crianças que tentem descobrir, sem contar o número de letras, qual é o nome mais comprido e qual é o mais curto;

> » verificar quantas crianças têm nome igual ou quantos nomes contêm as mesmas letras (por exemplo, a letra E);

> » chamar a criança pelo número, informando que cada uma, ao ouvir o número correspondente ao seu nome, deve se levantar.

Vale lembrar que, diferentemente do que se pensava no passado, iniciar as atividades de alfabetização apresentando as vogais isoladas não significa nada para o aluno. Russo e Vian (1996) sugerem que o trabalho com as vogais seja desenvolvido ao mesmo tempo que se propõe o trabalho com nomes. Por isso, a ordem de apresentação das vogais fica a critério do professor, pois depende da maior incidência de vogais presentes no nome das crianças. Russo e Vian (1996, p. 82) também recomendam que, para iniciar o trabalho com as vogais, sejam propostas ao aluno atividades que lhe possibilitem:

- *discriminar as vogais no alfabeto de várias maneiras: circulando-as, cobrindo-as, riscando-as etc.*
- *escrever as vogais de seu nome com palitos e contar quantos foram necessários;*
- *completar os nomes dos colegas com uma determinada vogal, em folhas individuais.*

Obviamente, não é possível listar aqui todas as atividades que podem ser realizadas para um trabalho de alfabetização, afinal, criar também é uma tarefa do professor. Existem, porém, algumas diretrizes que, se forem atendidas, podem ajudar a nortear o trabalho do professor alfabetizador:

- *estabelecer claramente os objetivos que se quer alcançar, lembrando que o objetivo maior é fazer a criança escrever e entender o que escreveu, ler e entender o que lê;*
- *procurar conhecer os níveis de desenvolvimento pelo qual passam as pessoas para construírem sua escrita;*
- *desenvolver a autoconfiança em si e no aluno;*
- *dar oportunidade ao aluno de expressar-se;*
- *procurar adequar a atenção dirigida a cada aluno, de acordo com as necessidades individuais;*
- *elaborar atividades diferentes que favoreçam a reflexão, incentivando a socialização da criança, levando-a à sistematização, e não à mecanização;*
- *dar significado às palavras e desenvolver atividades dentro de um contexto;*
- *estimular a leitura e a escrita espontânea;*
- *registrar suas atividades para avaliar seu trabalho e aprimorar suas técnicas.* (Russo; Vian, 1996, p. 252)

Outros exemplos de atividades que podem ser desenvolvidas no período da alfabetização estão disponíveis ao final do livro, na seção "Atividades para o trabalho de alfabetização". A seguir, confira outras sugestões da Andislexia (2010) para que o professor consiga incentivar o desenvolvimento da linguagem nas crianças em fase de alfabetização:

- *lendo histórias para ela e pedindo que ela reconte;*
- *ajudando-a a escrever seu próprio livro de histórias com desenhos e ilustrações;*
- *pedindo que represente diferentes personagens de histórias;*
- *propondo jogos que envolvam raciocínio: dominó de nomes, por exemplo;*
- *dando tarefas em que seja necessário seguir algumas instruções;*
- *assistindo [e/ou comentando] com ela programas de televisão e vídeos, pedindo que conte sobre o que viu e o que mais gostou;*
- *permitindo que participe de discussões em sala e que possa dar sua opinião;*
- *ajudando-a a conhecer e utilizar novas palavras e conceitos.*

SÍNTESE

Neste capítulo, verificamos de que maneira os conhecimentos da linguística podem ajudar na alfabetização da criança. Ressaltamos a importância de se propor um trabalho de alfabetização com significado e, para isso, de se levarem em conta as experiências linguísticas que a criança já tem. Destacamos a necessidade de que, ao ser alfabetizada, a criança entenda para que a escrita e a leitura servem na sociedade, reconhecendo, portanto, as funções sociais da escrita. Apresentamos, ainda, algumas atividades que podem ajudar o professor a desenvolver um bom trabalho em sala de aula, mas entendemos que, para sua ação ser eficaz, é preciso ter boas técnicas, conhecimento teórico, compromisso e responsabilidade. Por fim, abordamos a importância do professor alfabetizador.

INDICAÇÃO CULTURAL

LIVRO

FREIRE, M. A paixão de conhecer o mundo: relatos de uma professora. 16. ed. São Paulo: Paz e Terra, 2003.

Como indicação cultural, sugerimos a leitura do livro *A paixão de conhecer o mundo*, escrito em 1983. Engana-se quem pensa que a obra não tem nada de atual. A autora, Madalena Freire (filha de Paulo Freire), apresenta um livro excelente que trata de uma educadora e suas angústias, suas pesquisas e suas respostas sobre ser professor e ensinar. O fato de estar na 16ª edição já indica o quanto o livro foi bem aceito na comunidade pedagógica.

ATIVIDADES DE AUTOAVALIAÇÃO

[1] Considerando o processo de aprendizagem da criança, analise as afirmações a seguir e classifique-as como verdadeiras (V) ou falsas (F).

[ ] A criança que está no início de sua escolaridade no ensino fundamental já é capaz de entender e falar com desembaraço e precisão em diversas situações, pois, desde aproximadamente 1 ano, começa a entender a linguagem que é usada para falar com ela.

[ ] Os estudos da linguística não têm muito valor nas atividades práticas de alfabetização, pois são muito teóricos.

[ ] Para aprender a escrever, a criança não precisa de nenhuma sistematização da linguagem; basta estar no meio de falantes para escrever também.

[ ] Para aprender a escrever conforme a norma culta, a criança precisa de ajuda dos adultos.

Agora, assinale a alternativa que apresenta a sequência correta:

[A] V, V, F, F.
[B] V, F, V, F.
[C] V, F, F, V.
[D] F, F, V, F.

[2] Analise as afirmações a seguir sobre as linguagens falada e escrita e classifique-as como verdadeiras (V) ou falsas (F).

[ ] A linguagem correta é a linguagem escrita, pois é, por natureza, lógica, clara, explícita, ao passo que a linguagem falada é, por natureza, mais confusa, incompleta e sem lógica.

[ ] Linguagem escrita e linguagem falada dispensam sistematizações, pois são aprendidas na interação com os outros.

[ ] O professor precisa considerar que, possivelmente, alunos vindo de comunidades que não convivem com livros, escrita e leitura e, por conseguinte, falam um dialeto diferente do falado na escola apresentarão maiores dificuldades no processo de alfabetização.

[ ] Para aprender a ler, basta que as crianças estejam no meio de leitores.

Agora, assinale a alternativa que apresenta a sequência correta:

[A] V, V, F, F.
[B] V, F, V, F.

[C] V, F, F, V.
[D] F, F, V, F.

[3] Analise as afirmações a seguir sobre o processo de alfabetização e classifique-as como verdadeiras (V) ou falsas (F).

[ ] É importante considerar que muitos dos "erros" dos alunos são, na verdade, escritas que retratam sua fala. Basicamente, o aluno erra a forma ortográfica porque se baseia na forma fonética.

[ ] Quando a criança entra no ensino fundamental, não tem ainda um vasto caminho linguístico delineado. Ela vai para a escola justamente por esse motivo.

[ ] Para muitos alunos, alfabetizar-se tem o mesmo grau de dificuldade que tem, para outros, aprender uma língua estrangeira. Alfabetizar-se nem sempre é fácil.

[ ] Para todos os alunos, o grau de dificuldade na alfabetização é o mesmo.

Agora, assinale a alternativa que apresenta a sequência correta:

[A] V, V, F, F.
[B] V, F, V, F.
[C] V, F, F, V.
[D] F, F, V, F.

[4] Com relação às atividades que podem ser realizadas pelo professor para o trabalho de alfabetização, é correto afirmar que:
[A] existe uma listagem de atividades que são boas para alfabetizar. O professor pode fazer qualquer atividade dessa lista, mediante a qual, com certeza, os alunos conseguirão aprender a ler e a escrever.
[B] ler histórias para a criança e pedir que ela as reconte é uma atividade possível de ser realizada com crianças em salas de alfabetização.
[C] ao ajudar a criança a escrever o próprio livro de histórias com desenhos e ilustrações, o professor está oportunizando que ela entre em contato, principalmente, com a linguagem oral.
[D] ao promover a socialização das respostas e dos procedimentos utilizados pelos grupos nas atividades de alfabetização, o professor acaba constrangendo a criança que ainda não sabe ler.

[5] Qual das frases abaixo **não** pertence à lista de considerações a serem observadas para se desenvolver um trabalho eficaz de letramento?
[A] É necessário considerar as relações entre a linguagem oral e a linguagem escrita, uma vez que são linguagens distintas. Oralizar o escrito é tarefa fundamental, assim como elaborar a linguagem oral para ser escrita.

[B] É necessário considerar a aprendizagem do sistema alfabético, isto é, das leis de codificação e decodificação, o que, embora não possa ser considerado como alfabetização propriamente dita, é uma parte importante do processo.

[C] É preciso considerar a não necessidade de produzir textos escritos no início da alfabetização.

[D] É necessário compreender a leitura como interpretação e compreensão de textos.

ATIVIDADES DE APRENDIZAGEM

QUESTÕES PARA REFLEXÃO

[1] Individualmente, responda à seguinte questão: Por que é possível afirmar que, além de decifrarem as letras, as crianças precisam entender os significados?

[2] Em duplas, leiam com atenção o texto "Crianças que escrevem e não leem: dificuldades iniciais em alfabetização", de Michelle Brugnera Cruz (2023). Em seguida, respondam às perguntas:

[A] Vocês já conheceram alguma criança que escrevia, mas não conseguia ler? Por que isso acontece?

[B] Considerando-se que leitura e escrita são processos diferentes, é possível afirmar que são complementares? Por quê?

ATIVIDADE APLICADA: PRÁTICA

[1] Escolha duas das atividades listadas neste capítulo como sugestão para a alfabetização e aplique-as em uma turma de crianças que está sendo alfabetizada. Se não puder aplicar as atividades, procure o professor dessas crianças e converse com ele sobre como seria desenvolver essas atividades em sua sala de aula. Nada melhor do que a prática profissional para nos ensinar sobre as atividades escolhidas.

quatro...

Temáticas sobre alfabetização

Neste capítulo, abordaremos a educação de jovens e adultos (EJA) no Brasil, traçando um paralelo entre a alfabetização de adultos e os números referentes ao analfabetismo no país. Apontaremos, ainda, reflexões necessárias ao professor que pretende alfabetizar jovens e adultos, bem como atividades que podem ser utilizadas nessa tarefa.

4.1 LETRAMENTO DIGITAL

Muitas mudanças no mundo, principalmente pelo advento das tecnologias da comunicação e da informação (TICs), revolucionaram as formas de comunicação entre as pessoas e não podem ser ignoradas na escola. A bem da verdade, as novas tecnologias nem conseguiriam passar despercebidas no ambiente escolar, uma vez que sua presença é notória em todos os ambientes da sociedade como realidade social.

É fato que as tecnologias modificaram a maneira de as pessoas se comunicarem. Uma das mudanças mais significativas diz respeito à inserção de textos híbridos – aqueles que são compostos por diferentes elementos, além dos tradicionais (letras e sinais gráficos) (Zacharias, 2016). Estamos nos referindo a sons, ícones e imagens estáticas e em movimento, utilizados principalmente em aplicativos destinados à comunicação, como o WhatsApp, popularmente difundido no Brasil.

Observe que o conceito de *leitura* (e *letramento*), nesse contexto, abrange mais do que compreender letras e sons, visto que, em alguns momentos, os textos virtuais são compostos exclusivamente por imagens ou um *mix* de imagens, sons e palavras. Assim, considerando-se a escola o local que deve formar leitores competentes, entende-se que não há como a ação pedagógica se restringir à leitura de diferentes tipos de textos impressos. No mundo contemporâneo, a prática da leitura inclui o desenvolvimento de habilidades necessárias para "interpretar, compreender e significar elementos não verbais característicos dos textos e mídias que se integram aos já existentes" (Zacharias, 2016, p. 17). Letramento, portanto, não é um conceito apenas aplicado aos textos impressos.

O letramento digital é um conjunto de habilidades e competências necessárias para o uso adequado das tecnologias digitais no dia a dia. Com o aumento de dispositivos eletrônicos com acesso à internet, é cada vez mais crucial que todas as pessoas tenham um nível básico de alfabetização digital para poderem comunicar-se, buscar informações, realizar transações financeiras, entre outras atividades.

Um aspecto muito importante a ser considerado refere-se à compreensão das implicações sociais e éticas do letramento digital. Isso inclui a responsabilidade pelo que se compartilha na internet, o respeito à privacidade alheia e a conscientização sobre o papel da tecnologia na sociedade. Claro que para as crianças esse aprendizado será crescente à medida que forem amadurecendo, porém, mesmo no caso daquelas que estão em fase de alfabetização e têm até 8 anos de idade aproximadamente, é preciso fornecer uma orientação para o uso consciente das tecnologias.

O letramento digital em crianças corresponde à capacidade que elas têm de usar e compreender a tecnologia digital, incluindo computadores, *tablets*, *smartphones* e a própria internet (Zacharias, 2016).

Assim, apresenta-se ao professor o desafio da incorporação das mídias digitais no cotidiano das aulas, promovendo-se o letramento digital dos alunos. A Base Nacional Comum Curricular (BNCC) destaca a importância dessa ação, uma vez que a sexta competência da área de Linguagens (ao todo, são seis competências específicas), no âmbito do ensino fundamental, diz respeito à compreensão e à utilização de novas tecnologias como instrumento de comunicação:

> *6. Compreender e utilizar tecnologias digitais de informação e comunicação de forma crítica, significativa, reflexiva e ética nas diversas práticas sociais (incluindo as escolares), para se comunicar por meio das diferentes linguagens e mídias, produzir conhecimentos, resolver problemas e desenvolver projetos autorais e coletivos.* (Brasil, 2018, p. 65)

Note que os verbos utilizados na BNCC para o desenvolvimento das competências de tecnologia são *compreender* e *utilizar*. E é nisso que o professor precisa se concentrar. É necessário desenvolver no aluno diversos saberes acerca das mídias virtuais em sua relação com a alfabetização (que é o foco de nosso estudo). É preciso considerar nesse desenvolvimento de competências o próprio conhecimento da navegação – como usar o *mouse*, recursos dos programas que podem ajudar com a ortografia e a gramática (como os editores de texto), bem como programas e jogos de alfabetização; como usar a barra de rolagem e funções específicas de botões; como navegar na internet e lidar com hipertextos etc. É fato que muitas coisas as crianças já aprendem com o próprio uso da tecnologia na rede familiar, mas a escola é o espaço em que muitas terão um contato inicial com o mundo da tecnologia.

Cabe salientar que a responsabilidade do professor é enorme no que tange ao uso de programas, às reflexões sobre privacidade e, principalmente, à necessidade de evitar a disseminação de informações falsas. É preciso conversar com as crianças sobre os perigos da rede, alertando que a tecnologia é importante, mas não substitui o trabalho que se fazia antes, apenas o complementa.

O desenvolvimento do letramento digital na escola pode ter muitos benefícios. A seguir, confira alguns exemplos de ações que podem ser realizadas (Coscarelli, 2016):

› **Aprendizagem *on-line***: muitas escolas, atualmente, oferecem encontros *on-line*, permitindo que as crianças aprendam no próprio ritmo e no horário que lhes for mais conveniente.

› **Uso de *tablets* e computadores**: as crianças podem usar *tablets* e computadores para fazer pesquisas, criar apresentações e, até mesmo, programar.

> **Jogos educacionais**: muitos jogos educacionais estão disponíveis no formato *on-line* ou podem ser instalados nos aparelhos eletrônicos. Eles ajudam as crianças a aprender habilidades importantes na área da alfabetização.

> **Livros digitais**: os livros digitais são uma forma de as crianças terem acesso a uma grande variedade de obras e leituras usando-se um único dispositivo, além de servir para incentivar a leitura e aprimorar o desenvolvimento das habilidades nesse sentido.

> **Aprendizagem por vídeo**: vídeos educacionais podem ser utilizados para ensinar conceitos difíceis de uma maneira visual e interativa. Aqui também há a possibilidade de os professores e as crianças criarem um vídeo sobre as aprendizagens realizadas.

É preciso ler essas sugestões com olhar crítico, tendo em mente que não é papel da tecnologia substituir o afeto, o toque e a presencialidade, tão importantes para as crianças e tão relevantes no processo de letramento. O letramento digital é necessário porque a tecnologia digital desempenha um papel cada vez mais central em nosso cotidiano, e as crianças precisam saber como usar essa tecnologia de maneira eficaz e segura.

Assim, com cuidado e a supervisão dos professores, o uso de tecnologias na alfabetização pode ser feito de diversas maneiras, utilizando-se desde aplicativos educativos até jogos interativos. Esses recursos são capazes de envolver e motivar as crianças durante o processo de aprendizagem, tornando-o mais lúdico e prazeroso. Além disso, os recursos tecnológicos podem auxiliar na identificação de dificuldades específicas de cada aluno, permitindo que o ensino seja mais individualizado e personalizado.

4.2 O ANALFABETISMO E AS REFLEXÕES NECESSÁRIAS À ALFABETIZAÇÃO DE JOVENS E ADULTOS

A organização da educação no Brasil contempla dois grandes níveis: a educação básica e o ensino superior.

> A educação básica compreende a **educação infantil**, a qual é subdividida em creches (para crianças de até 3 anos) e pré-escola (para crianças de 4 a 5 anos); o **ensino fundamental**, o qual é subdividido em anos iniciais e anos finais; e o **ensino médio**, que tem duração mínima de três anos.

Contudo, existe uma grande parcela de cidadãos brasileiros (de 15 anos ou mais) que, por diferentes razões, não tiveram acesso à escola ou dela foram excluídos precocemente. É por isso que a educação brasileira garante o ingresso de jovens e adultos na escola, bem como sua permanência e a conclusão do ensino fundamental e do ensino médio no que se convencionou chamar de *educação de jovens e adultos* (EJA).

A Constituição Federal de 1988 (Brasil, 1988), em seu art. 208, inciso I, apregoa o dever do Poder Público de oferecer a toda a população o ensino fundamental, ao estabelecer "educação básica obrigatória e gratuita dos 4 (quatro) aos 17 (dezessete) anos de idade, assegurada inclusive sua oferta gratuita para todos os que a ele não tiveram acesso na idade própria". Além disso, em seu art. 205, a educação é definida como "direito de todos e dever do Estado e da família" (Brasil, 1988).

A Lei de Diretrizes e Bases da Educação Nacional (LDBEN) – Lei n. 9.394, de 20 de dezembro de 1996 (Brasil, 1996) – define a EJA da seguinte maneira:

> **Seção V**
> **Da Educação de Jovens e Adultos**
> *Art. 37. A educação de jovens e adultos será destinada àqueles que não tiveram acesso ou continuidade de estudos nos ensinos fundamental e médio na idade própria e constituirá instrumento para a educação e a aprendizagem ao longo da vida. (Redação dada pela Lei n. 13.632, de 2018)*
> *§ 1º Os sistemas de ensino assegurarão gratuitamente aos jovens e aos adultos, que não puderam efetuar os estudos na idade regular, oportunidades*

educacionais apropriadas, consideradas as características do alunado, seus interesses, condições de vida e de trabalho, mediante cursos e exames.

§ 2º O Poder Público viabilizará e estimulará o acesso e a permanência do trabalhador na escola, mediante ações integradas e complementares entre si.

[...]

Art. 38. Os sistemas de ensino manterão cursos e exames supletivos, que compreenderão a base nacional comum do currículo, habilitando ao prosseguimento de estudos em caráter regular.

§ 1º Os exames a que se refere este artigo realizar-se-ão:

I – no nível de conclusão do ensino fundamental, para os maiores de quinze anos;

II – no nível de conclusão do ensino médio, para os maiores de dezoito anos.

§ 2º Os conhecimentos e habilidades adquiridos pelos educandos por meios informais serão aferidos e reconhecidos mediante exames.

Outro documento que merece atenção são as Diretrizes Curriculares Nacionais para a Educação de Jovens e Adultos – Parecer CNE/CEB n. 11, de 10 de maio de 2000 (Brasil, 2000a), e Resolução CNE/CEB n. 1, de 5 de julho de 2000 (Brasil, 2000b). Tais documentos fornecem as bases para a composição de currículos que possam educar de modo consciente essa parcela da população.

A Organização das Nações Unidas para a Educação, a Ciência e a Cultura (Unesco) qualifica a educação de adultos como aquela que

> *denota todo o corpo de processos de aprendizagem em curso, formais ou não, pelo qual as pessoas consideradas adultas pela sociedade a que pertencem desenvolvem suas habilidades, enriquecem seus conhecimentos e melhoram suas qualificações técnicas ou profissionais ou buscam uma nova direção para satisfazer as próprias necessidades e as de sua sociedade.* (Unesco, 2014, p. 1)

Não há como tratarmos da EJA, principalmente da alfabetização dessas pessoas, sem considerarmos os conceitos de *alfabetizado* e *analfabetismo funcional*. O conceito de **analfabetismo funcional** foi criado pelo exército dos Estados Unidos na década de 1930, para fazer referência aos combatentes que não demonstravam capacidade de entender instruções escritas necessárias para a realização das tarefas militares que lhes eram designadas (Ribeiro, 1997). Ainda hoje o analfabeto funcional é definido pelo não entendimento e/ou utilização das palavras escritas.

Algumas situações caracterizam a condição do analfabeto funcional, conforme Ribeiro (2020):

- *Não lê por que não consegue entender o que está escrito*
- *Mesmo alfabetizado, não consegue entender construções frasais simples*
- *Não consegue interpretar gráficos simples, mesmo conhecendo números*
- *Não consegue realizar operações matemáticas mais complexas*

Todas essas questões estão presentes na EJA, que, por sua dimensão, merece atenção especial por parte das políticas públicas. Há uma grande parcela da população brasileira que não sabe ler e escrever, ou que apenas sabe decodificar, ler palavras simples, mas não consegue empregar seu conhecimento no cotidiano. Estamos falando aqui de redigir um texto simples, fazer uma lista de mercado, compreender as letras miúdas de um contrato (ou, por vezes, o contrato em si), entender para que serve um produto de limpeza etc.

Assim, alfabetizar essa parcela da população é uma tarefa que requer ações diferenciadas, pois as demandas e características do grupo também o são. Não só a metodologia precisa contemplar realidades diferentes daquelas oferecidas às crianças (lembrando que deve primar pelo grau de interesse do estudante), como também outros aspectos referentes ao funcionamento escolar devem ser adaptados. Como a maioria não tem disponibilidade em horário comercial, há a possibilidade do ensino noturno. Além disso, é possível acelerar os estudos e ser certificado por meio de provas próprias, como o Exame Nacional para Certificação de Competências de Jovens e Adultos (Encceja), instaurado no país em 2012.

> **Preste atenção!**
>
> O Encceja é um exame destinado aos jovens e adultos residentes no Brasil ou no exterior que não tiveram a oportunidade de concluir seus estudos em idade própria e que tenham, no mínimo, 15 anos completos na data de realização da prova, para a certificação do ensino fundamental, ou, no mínimo, 18 anos completos na data de realização da prova, para a certificação do ensino médio.

A EJA precisa ser avaliada pelo grau de necessidade da localidade em questão. Algumas regiões do país têm mais demanda do que outras. Contudo, é importante considerar que há muito tempo a EJA é uma situação latente no Brasil.

Para ter uma visão ampliada da situação do analfabetismo no Brasil na população a partir de 15 anos, acompanhe a Tabela 4.1, que apresenta as taxas de analfabetismo do país de 1900 até 2000. A idade de 15 anos é considerada porque é a partir dela que o estudante pode cursar a EJA.

TABELA 4.1 – ANALFABETISMO NA FAIXA DE 15 ANOS OU MAIS NO BRASIL – 1900/2000

Ano	População de 15 anos ou mais		
	Total[1]	Analfabeta[1]	Taxa de analfabetismo
1900	9.728	6.348	65,3
1920	17.564	11.409	65,0
1940	23.648	13.269	56,1
1950	30.188	15.272	50,6
1960	40.233	15.964	39,7
1970	53.633	18.100	33,7
1980	74.600	19.356	25,9
1991	94.891	18.682	19,7
2000	119.533	16.295	13,6

Nota: (1) Em milhares.

Fonte: Inep, 2007.

Observamos, entretanto, que, mesmo com as taxas de analfabetismo em declínio, como indica a Tabela 4.1, é preciso considerar que o conceito de *analfabetismo* mudou ao longo dos anos. Hoje em dia, temos de analisar também a noção de *analfabeto funcional*. Então, não basta saber ler e escrever: é preciso compreender e fazer uso dessa competência na vida cotidiana. Se o critério fosse o analfabetismo funcional, a tabela evidenciaria taxas de analfabetismo em um montante de 30 milhões de brasileiros, considerando-se a população de 15 anos ou mais (Inep, 2007).

Fique atento!

Como a Tabela 4.1 demonstra na evolução das décadas, em 2000, mais de 16 milhões de pessoas com 15 anos ou mais não tinham acesso à produção escrita em língua portuguesa. Em 2019, esse número caiu para 11 milhões de brasileiros ainda são analfabetos, conforme o Gráfico 4.1, a seguir.

GRÁFICO 4.1 – TAXA DE ANALFABETISMO ENTRE PESSOAS DE 15 ANOS OU MAIS DE IDADE – 2019

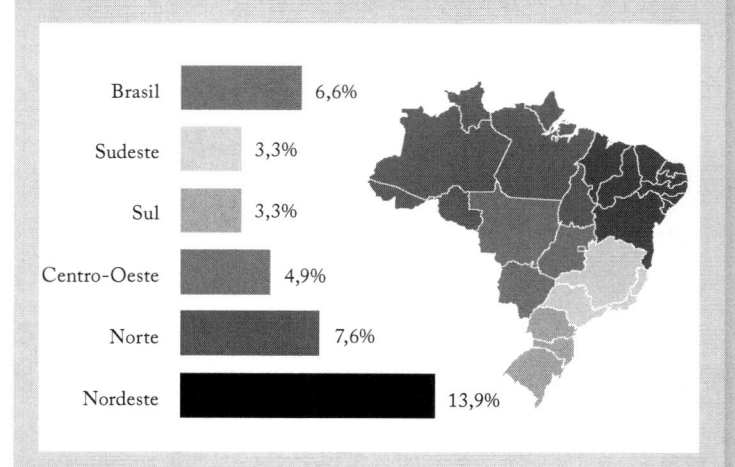

Brasil	6,6%
Sudeste	3,3%
Sul	3,3%
Centro-Oeste	4,9%
Norte	7,6%
Nordeste	13,9%

Fonte: Elaborado com base em IBGEeduca, 2023.

Os resultados sobre alfabetização no Brasil evidenciam que há necessidade de políticas públicas de fortalecimento da alfabetização tanto nos níveis iniciais do ensino fundamental quanto na EJA. Os dados de 2019, coletados pela Pesquisa Nacional por Amostra de Domicílios (Pnad), indicam que há no país 11 milhões de analfabetos, sendo que a taxa de analfabetismo de pessoas com 15 anos ou mais é estimada em 6,6% (IBGEeduca, 2023). Como base de comparação, a taxa do ano de 2018 foi de 6,8%, ou seja, houve uma queda de 0,2% no índice, o que corresponde a aproximadamente 200 mil pessoas (IBGEeduca, 2023). Trata-se de um crescimento muito pequeno, embora estejamos lidando com uma parcela grande da população. Perceba que os dados indicados não abrangem o período da pandemia, no qual houve certo prejuízo por parte dos alunos, resultando em uma alteração dos dados.

A maior taxa de analfabetismo do Brasil está concentrada na Região Nordeste, com 13,9%. Esse dado é preocupante pela amplitude da diferença dessa região com relação às demais: o Sudeste e o Sul apresentam uma taxa de 3,3% cada; no Centro-Oeste o índice é de 4,9%; e o Norte tem uma taxa de 7,6% (IBGEeduca, 2023).

Mulheres e homens brasileiros de 15 anos ou mais apresentam taxas de analfabetismo próximas: 6,9% para homens e 6,3% para mulheres. Porém, a diferença se acentua quando se observam outras características, como cor/raça. O índice de analfabetismo de pessoas pretas ou pardas é de 8,9%, ao passo que o de pessoas brancas é de 3,6% (IBGEeduca, 2023).

Ainda há muitos sem concluir o ensino médio. Em 2019, verificou-se que, entre a população de 25 anos ou mais,

> apenas 48,8% finalizou esse nível de ensino. A pesquisa do IBGE ainda revelou que mais da metade dos brasileiros com mais de 25 anos (51,2%) não completou a educação básica (Tokarnia, 2020).

Com a alteração do conceito de *analfabeto* e a percepção do analfabetismo funcional, outro fato fica evidente na realidade brasileira: o alfabetismo. Vinte anos depois de ter, em 1958, definido como alfabetizada "uma pessoa capaz de ler e escrever um enunciado simples, relacionado à sua vida diária", a Unesco alterou o conceito: "é considerada alfabetizada funcional a pessoa capaz de utilizar a leitura e escrita e habilidades matemáticas para fazer frente às demandas de seu contexto social e utilizá-las para continuar aprendendo e se desenvolvendo ao longo da vida" (IPM, 2007).

Existe no Brasil uma iniciativa de organizações não governamentais (ONGs) para a medição do alfabetismo da população adulta em nível nacional. O Indicador Nacional de Alfabetismo Funcional (Inaf) é um índice que

> *revela os níveis de alfabetismo funcional da população brasileira adulta. Seu principal objetivo é oferecer informações qualificadas sobre as habilidades e práticas de leitura, escrita e matemática dos brasileiros entre 15 e 64 anos de idade, de modo a fomentar o debate público, estimular iniciativas da sociedade civil, subsidiar a formulação de políticas nas áreas de*

> *educação e cultura, além de colaborar para o monitoramento do desempenho das mesmas.* (IPM, 2007)

O Inaf é uma iniciativa do Instituto Paulo Montenegro (IPM) em parceria com a ONG Ação Educativa. Os dados para esse indicador são coletados anualmente por meio de entrevistas domiciliares, em que são aplicados testes e questionários, com amostras nacionais de 2.000 pessoas, as quais representam a população brasileira de 15 a 64 anos, residentes em zonas urbanas e rurais de todas as regiões do país (IPM, 2007).

Com base nos resultados do teste de leitura, o Inaf classifica a população estudada em quatro níveis (IPM, 2007):

1. **Analfabeto**: não consegue realizar tarefas simples que envolvem decodificação de palavras e frases.

2. **Alfabetizado nível rudimentar**: consegue ler títulos ou frases, localizando uma informação bem explícita.

3. **Alfabetizado nível básico**: consegue ler um texto curto, localizando uma informação explícita ou que exija uma pequena inferência.

4. **Alfabetizado nível pleno**: consegue ler textos mais longos, localizar e relacionar mais de uma informação, comparar vários textos, identificar fontes.

Os dados do Inaf fornecem as informações para a EJA nos níveis de desenvolvimento de 2001 até 2018.

TABELA 4.2 – EVOLUÇÃO DOS NÍVEIS DE ANALFABETISMO NO BRASIL – 2001/2018

Níveis	2001-2002	2002-2003	2003-2004	2004-2005	2007	2009	2011	2015	2018
Analfabeto	12%	13%	12%	11%	9%	7%	6%	4%	8%
Rudimentar	27%	26%	26%	26%	25%	20%	21%	23%	22%
Elementar	28%	29%	30%	31%	32%	35%	37%	42%	34%
Intermediário	20%	21%	21%	21%	21%	27%	25%	23%	25%
Proficiente	12%	12%	12%	12%	13%	11%	11%	8%	12%
Base	2.000	2.000	2.001	2.002	2.002	2.002	2.002	2.002	2.002

Fonte: Inaf, 2023.

De maneira gráfica, a representação da evolução desses níveis de 2001 a 2018 pode ser observada no Gráfico 4.2.

GRÁFICO 4.2 – EVOLUÇÃO DOS NÍVEIS DE ANALFABETISMO NO BRASIL – 2001/2018

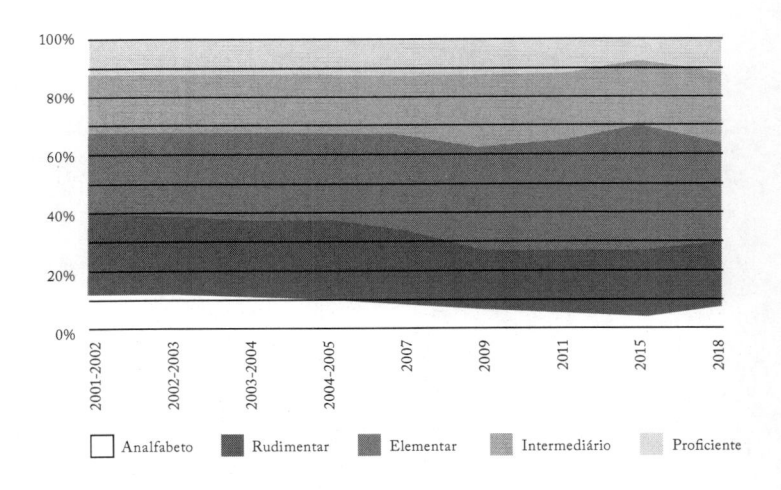

[Gráfico de áreas empilhadas mostrando a evolução percentual dos níveis Analfabeto, Rudimentar, Elementar, Intermediário e Proficiente nos períodos 2001-2002, 2002-2003, 2003-2004, 2004-2005, 2007, 2009, 2011, 2015 e 2018.]

Fonte: Inaf, 2023.

Obviamente, é possível refletir sobre esses dados de várias maneiras, mas é impossível não apontar fortemente um fracasso na educação básica desses alunos quando olhamos para esses resultados.

O que estamos fazendo de errado? Como podemos melhorar a escolarização de crianças da educação básica, principalmente nas classes de alfabetização, para podermos nos orgulhar dos resultados no futuro?

Certamente, é necessário ofertar a EJA como uma questão social. Porém, na pertinência desta obra, a questão que se apresenta é pedagógica. Que mecanismos podem ser usados na alfabetização de adultos para garantir o acesso dessas pessoas que já foram excluídas da escola em seu tempo regular e buscam agora reverter esse quadro?

Como primeira recomendação, é preciso compor uma proposta pedagógica adequada a esse grupo etário tão distinto entre si e com relação ao grupo de crianças em idade de alfabetização. Cabe, então, caracterizar o perfil do aluno dessa modalidade de ensino.

Segundo o MEC (Brasil, 2001), muitos estudantes que hoje frequentam a EJA já têm alguma experiência escolar anterior. Destaca-se "que é também cada vez mais dominante a presença de adolescentes e jovens recém-saídos do ensino regular, por onde tiveram passagens acidentadas. Em sua quase totalidade são pessoas trabalhadoras", que escolhem essa modalidade de educação por almejarem acesso a outros graus de ensino e habilitações profissionais. Oliveira (1999, p. 57) assim descreve o adulto da EJA:

> *O adulto, para a educação de jovens e adultos, não é o estudante universitário, o profissional qualificado que frequenta cursos de formação continuada ou de especialização, ou a pessoa adulta interessada em aperfeiçoar seus conhecimentos em áreas como*

> *artes, línguas estrangeiras ou música, por exemplo. Ele é geralmente o migrante que chega às grandes metrópoles proveniente de áreas rurais empobrecidas, filho de trabalhadores rurais não qualificados e com baixo nível de instrução escolar (muito frequentemente analfabetos), ele próprio com uma passagem curta e não sistemática pela escola e trabalhando em ocupações urbanas não qualificadas, a pós-experiência no trabalho rural na infância e na adolescência, que busca a escola tardiamente para alfabetizar-se ou cursar algumas séries do ensino supletivo.*

Já com relação aos jovens, a autora pondera o seguinte:

> *[jovem] não é aquele com uma história de escolaridade regular, o vestibulando ou o aluno de cursos extracurriculares em busca de enriquecimento pessoal. [...] Como o adulto anteriormente descrito, ele é também um excluído da escola, porém geralmente incorporado aos cursos supletivos em fases mais adiantadas da escolaridade, com maiores chances, portanto, de concluir o ensino fundamental ou mesmo o ensino médio. É bem mais ligado ao mundo urbano, envolvido em atividades de trabalho e lazer mais relacionadas com a sociedade letrada, escolarizada e urbana.* (Oliveira, 1999, p. 61)

Caracterizando o estudante que deseja ser alfabetizado, Oliveira (1999) destaca as diferenças entre as populações jovem e adulta, de modo a contribuir para o entendimento do professor sobre a necessidade de lançar mão de metodologias variadas para poder atingir, de maneira eficaz, públicos tão distintos.

4.3 CARACTERÍSTICAS DO ALFABETIZADOR DE JOVENS E ADULTOS E IDEIAS PARA O TRABALHO DOCENTE

O professor alfabetizador de uma classe de jovens e adultos precisa entender que esses alunos têm características especiais, como as já citadas, e também acumulam muitas responsabilidades profissionais e domésticas.

Sobre esse assunto, o MEC apresenta algumas informações a fim de descrever qualidades essenciais pertinentes ao educador da EJA, como podemos ver a seguir.

> Algumas das qualidades essenciais ao educador de jovens e adultos são a capacidade de solidarizar-se com os educandos, a disposição de encarar dificuldades como desafios estimulantes, a confiança na capacidade de todos de aprender e ensinar. Coerentemente com essa postura, é fundamental que esse educador procure conhecer seus educandos, suas expectativas, sua

cultura, as características e problemas de seu entorno próximo, suas necessidades de aprendizagem. E, para responder a essas necessidades, esse educador terá de buscar conhecer cada vez melhor os conteúdos a serem ensinados, atualizando-se constantemente. Como todo educador, deverá também refletir permanentemente sobre sua prática, buscando os meios de aperfeiçoá-la.

[...]

A alfabetização implica, desde suas etapas iniciais, um intenso trabalho de análise da linguagem por parte do aprendiz. Nesse processo, ele acabará aprendendo e servindo-se de palavras e conceitos que servem para descrever a linguagem, tais como letra, palavra, sílaba, frase, singular, plural, maiúscula, minúscula etc. Mais adiante, ele poderá ainda aprender outros conceitos mais complexos, como as classificações morfológicas (substantivo, adjetivo etc.) e sintáticas (sujeito, predicado etc.).

[...]

O trabalho pedagógico sobre a linguagem oral merece planejamento e avaliação. O professor deve, intencionalmente, favorecer situações reais de comunicação que estimulem o desenvolvimento da oralidade:

> abrir espaço de conversa, onde os alunos narrem fatos que aconteceram no dia a dia;
> formular perguntas cujas respostas exijam do aluno manifestação de opiniões ou compreensão do conteúdo abordado;

> convidar constantemente os alunos a expressarem suas dúvidas oralmente;
> convidar os alunos a fazerem intervenções na fala dos outros, complementando ou contrapondo posições;
> organizar debates sobre temas escolhidos;
> organizar recitais de poesias, repentes e canções.

Em sala de aula, pode-se ainda lançar mão de estratégias de simulação e desempenho de papéis:

> debates sobre temas polêmicos, em que os participantes devem defender pontos de vista predeterminados;
> dramatização de situações do cotidiano, como conversas telefônicas, solicitações em órgãos públicos, prestação de informações diversas etc.;
> dramatização de textos ou histórias conhecidas.

[...]

Nas fases iniciais da alfabetização, o trabalho deve voltar-se principalmente para o conhecimento do alfabeto, da relação entre sons e letras, as diferentes composições silábicas, o sentido e posicionamento da escrita e a segmentação das palavras. Muitos alfabetizadores têm optado por trabalhar, nessa fase, principalmente com as letras de forma maiúsculas, por serem mais fáceis de distinguir umas das outras e mais fáceis de grafar.

Fonte: Brasil, 2001, p. 46, 59-60, 63-64, 72.

As atividades de produção de texto também devem fazer parte do trabalho de jovens e adultos que estão sendo alfabetizados. Para isso, o professor deve utilizar, em sala de aula, diversos tipos de texto, para que o aluno possa conhecê-los pela leitura oral do professor e, ao iniciar pequenas leituras desses textos, compreender a possibilidade de ser autor também. Textos literários, prosa, poesia, textos de caráter religioso (cuidando-se com o proselitismo, obviamente), artigos de jornal, entre outros, são elementos que devem acompanhar o trabalho de alfabetização do professor. Além disso, o MEC faz a seguinte recomendação:

> *desde o início da alfabetização, o professor deve encarregar-se de chamar a atenção dos alunos para os sinais de pontuação, indicando-os nos textos estudados e comentando seu uso nos momentos de correção coletiva ou de escrita no quadro-negro. A função desses elementos da escrita deve ser explicitada, já que eles estão presentes em todos os textos que lemos e colaboram para a compreensão e interpretação da mensagem.* (Brasil, 2001, p. 92)

Muitas atividades realizadas com crianças em período de alfabetização podem e devem ser utilizadas para o ensino de adultos. O que não pode ser esquecido é que o contexto de aprendizagem é outro. Assim, os exemplos e os textos escolhidos para compor a aula precisam, a todo momento, remeter o aluno a situações reais de seu cotidiano. Portanto, todos os aspectos que abordamos sobre letramento e aprendizagem significativa devem ser aplicados às práticas de EJA.

SÍNTESE

Neste capítulo, explicamos a necessidade de os professores trabalharem com o conceito de *letramento digital* com as crianças, uma vez que a tecnologia faz parte da vida cotidiana. Vimos como a utilização adequada dessas ferramentas pode proporcionar importantes oportunidades educacionais e de desenvolvimento.

Também refletimos sobre o funcionamento da educação de jovens e adultos (EJA) no Brasil e mostramos que é tênue a linha entre a alfabetização de adultos e o analfabetismo no país. Também destacamos que o grupo de jovens e adultos é muito diferente entre si e demanda o uso de metodologias que contemplem essa distinção, de modo a tornar a aprendizagem significativa. Ressaltamos, ainda, que o professor que pretende educar jovens e adultos precisa refletir sobre letramento e aprendizagem significativa, pois são temas que se referem à sua prática pedagógica, tornando-a diferenciada da prática infantil e, ainda assim, interessante e eficaz. É necessário considerar também que ler e escrever para o adulto é a abertura para um mundo de possibilidades, com a elevação da autoestima, a melhoria de vida e a ascensão profissional. Com tantos fatores em jogo, o professor precisa comprometer-se com essa modalidade de educação, entendendo-a como uma prática de cidadania que pode mudar a realidade do analfabetismo no Brasil.

INDICAÇÕES CULTURAIS

DOCUMENTOS

BRASIL. Ministério da Educação. Conselho Nacional de Educação. Câmara de Educação Básica. Parecer n. 11, de 10 de maio de 2000. Relator: Carlos Roberto Jamil Cury. Diário Oficial da União, Brasília, DF, 10 maio 2000. Disponível em: <http://portal.mec.gov.br/cne/arquivos/pdf/PCB11_2000.pdf>. Acesso em: 30 abr. 2023.

BRASIL. Ministério da Educação. Conselho Nacional de Educação. Câmara de Educação Básica. Resolução n. 1, de 5 de julho de 2000. Diário Oficial da União, Brasília, DF, 19 jul. 2000. Disponível em: <http://portal.mec.gov.br/cne/arquivos/pdf/CEB012000.pdf>. Acesso em: 30 abr. 2023.

Para saber mais sobre as Diretrizes Curriculares Nacionais para a Educação de Jovens e Adultos, sugerimos a leitura do Parecer CNE/CEB n. 11, de 10 de maio de 2000, e da Resolução CNE/CEB n. 1, de 5 de julho de 2000.

INEP – Instituto Nacional de Estudos e Pesquisas Educacionais Anísio Teixeira. Exame Nacional para Certificação de Competências de Jovens e Adultos (Encceja). Disponível em: <https://www.gov.br/inep/pt-br/areas-de-atuacao/avaliacao-e-exames-educacionais/encceja>. Acesso em: 30 abr. 2023.

Acesse o *link* indicado para saber mais sobre o Exame Nacional para Certificação de Competências de Jovens e Adultos (Encceja).

LIVRO

COSCARELLI, C. V. (Org.). Tecnologias para aprender. São Paulo: Parábola Editorial, 2016.

Esse livro reúne uma série de textos que tratam do uso pedagógico das tecnologias de comunicação e de educação, dando destaque especial ao desenvolvimento da leitura e à utilização crítica desses elementos tecnológicos. Apresenta exemplos práticos para o professor refletir e implementar em sua prática diária.

FILME

CENTRAL do Brasil. Direção: Walter Salles. Brasil: Sony Pictures Classics, 1998. 112 min.

O filme conta a história de uma mulher (Fernanda Montenegro) que escreve cartas para analfabetos na Estação Central do Brasil, no Rio de Janeiro, e que ajuda um menino (Vinícius de Oliveira) a encontrar o pai, no interior do Nordeste, depois de a mãe ser morta em um atropelamento tentando realizar esse encontro. O filme ganhou vários prêmios no Brasil e no exterior, principalmente porque retrata um panorama do analfabetismo em nosso país, e até hoje é considerado um dos melhores trabalhos da atriz Fernanda Montenegro.

SÉRIE

SEGUNDA Chamada. Criação: Carla Faour e Julia Spadaccini. Direção: Breno Moreira, João Gomez e Ricardo Spencer. Brasil: Globoplay. 2019. 2 temporadas.

Essa série busca apresentar a realidade dos alunos da educação de jovens e adultos (EJA), com dilemas enfrentados diariamente tanto pelos professores que ministram as aulas quanto pelos alunos que as frequentam. A série é muito realista e detalha problemas reais vividos pela população que precisa estudar tardiamente. A série foi muito bem recebida pelo público e mereceu elogios pela temática retratada.

ATIVIDADES DE AUTOAVALIAÇÃO

[1] Analise as afirmações a seguir sobre a educação de jovens e adultos (EJA) e classifique-as como verdadeiras (V) ou falsas (F).

[ ] Se o professor quiser seguir a prática de alfabetizar-letrar com os alunos da EJA, não vai conseguir bons resultados, uma vez que o estudante dessa modalidade não se preocupa em estudar muito.

[ ] Como primeira recomendação, é preciso compor uma proposta pedagógica adequada a esse grupo etário tão distinto entre si, mas tão diferenciado do grupo de crianças em idade de alfabetização. Cabe, então, caracterizar o perfil do aluno dessa modalidade de ensino.

[ ] A EJA é uma modalidade de ensino para atender os alunos que estão cursando a oitava série.

[ ] A EJA só dá certo em algumas localidades do país, dependendo da cultura da região.

Agora, assinale a alternativa que apresenta a sequência correta:

[A] V, V, F, F.
[B] F, F, V, V.
[C] V, V, F, V.
[D] F, V, F, F.

[2] Qual das frases a seguir **não** pertence à lista de considerações a serem observadas para um trabalho de alfabetização com jovens e adultos?

[A] É importante um trabalho que valorize a linguagem oral do aluno.

[B] É necessário contemplar a aprendizagem do sistema alfabético, isto é, das leis de codificação e decodificação, o que, embora não possa ser considerado como alfabetização propriamente dita, é uma parte importante do processo.

[C] Os adultos são mais difíceis de ensinar porque não têm tanta atenção durante as aulas.

[D] É necessário compreender a leitura como interpretação e compreensão de textos.

[3] Qual das frases a seguir **não** indica uma das condições necessárias para ser um bom professor da educação de jovens e adultos (EJA)?

[A] A capacidade de solidarizar-se com os educandos.

[B] A disposição de encarar dificuldades como desafios estimulantes.

[C] A confiança na capacidade de todos de aprender e ensinar.

[D] A certeza de que os alunos da EJA não aprendem de modo tão fácil como as crianças.

[4] Analise as afirmações a seguir sobre o processo de alfabetização na educação de jovens e adultos (EJA) e classifique-as como verdadeiras (V) ou falsas (F).

[ ] As atividades realizadas com crianças em período de alfabetização podem e devem ser utilizadas para o ensino de adultos, da mesma forma e com o mesmo contexto.

[ ] Mesmo que os alunos ainda não saibam ler, desde o início da alfabetização de jovens e adultos, o professor deve destacar a presença dos sinais de pontuação em um texto, mostrando-os nos textos estudados e comentando seu uso nos momentos de correção coletiva ou de escrita no quadro.

[ ] Como os alunos da EJA em classes de alfabetização ainda não sabem ler, não tem sentido o professor organizar práticas de leitura em suas aulas.

[ ] As práticas de leitura organizadas pelo professor nas salas de EJA devem ser simples e fáceis, considerando-se a idade dos educandos.

Agora, assinale a alternativa que apresenta a sequência correta:

[A] V, V, F, F.
[B] F, F, V, V.
[C] V, V, F, V.
[D] F, V, F, F.

[5] Analise as afirmações a seguir sobre a atuação do professor na educação de jovens e adultos (EJA) e classifique-as como verdadeiras (V) ou falsas (F).

[ ] A resposta adequada do educador às necessidades educativas da alfabetização de adultos se dará se o educador buscar conhecer cada vez melhor os conteúdos a serem ensinados.

[ ] A resposta adequada do educador às necessidades educativas da alfabetização de adultos se dará se o educador se atualizar constantemente, refletindo permanentemente sobre sua prática.

[ ] Dificilmente o professor poderá interferir na aprendizagem dos alunos. Dessa forma, se o aluno tiver prontidão para aprender, ele aprenderá.

[ ] Qualquer que seja o recurso que o professor use para facilitar a aprendizagem do aluno, a responsabilidade de aprender a ler e escrever é sempre do aluno de EJA.

Agora, assinale a alternativa que apresenta a sequência correta:

[A] V, V, F, F.
[B] F, F, V, V.
[C] V, V, F, V.
[D] F, V, F, F.

ATIVIDADES DE APRENDIZAGEM

QUESTÕES PARA REFLEXÃO

[1] Escolha uma pessoa de sua sala e, em dupla, façam as seguintes perguntas um ao outro: Qual é a importância das aulas de Arte nas salas de educação de jovens e adultos (EJA)? Não seria mais produtivo aproveitar esse horário com a realização de mais exercícios para auxiliar na alfabetização?

[2] Depois de cada integrante da dupla defender seu ponto de vista ao responder às questões propostas, leiam com atenção o depoimento de uma aluna da educação de jovens e adultos (EJA) quando descobriu que estudaria a disciplina de Arte:

> *Na primeira semana de aula, eu estava muito assustada, não entendia nada, tudo era diferente. Cheguei até a pensar em desistir, mas criei coragem e continuei, e hoje estou muito feliz.*
> *[...]*
> *Quando estudei na escola, a educação artística era uma coisa mecânica, não dava prazer em estudar. Mas fui obrigada a mudar de opinião ao ingressar nesse colégio (...) De tudo que aprendi, sei que educação artística não se limita somente à régua e compasso. Existe muito além dos limites de simples*

traçados. Digamos que a arte é infinita e maravilhosa. Simples, completa e fascinante. (Brasil, 2006, p. 9)

E agora, a opinião de algum integrante da dupla mudou? Por quê?

ATIVIDADE APLICADA: PRÁTICA

[1] Escolha duas das atividades listadas como sugestão para a alfabetização de crianças no Capítulo 3 e apliqueas em uma turma de educação de jovens e adultos (EJA) que está sendo alfabetizada. Se não puder aplicar as atividades, procure o professor desse grupo e converse com ele sobre como seria utilizá-las em sua sala de aula. Nada melhor do que a prática profissional para nos ensinar sobre as atividades escolhidas. Lembre-se de mudar os contextos, tornando-os adequados ao grupo etário de jovens e adultos.

considerações finais...

Tecer comentários finais sobre o tema *metodologia da alfabetização* não é uma tarefa que se possa cumprir com facilidade, principalmente pela abrangência dos assuntos envolvidos no cerne deste livro.

Assumimos aqui *metodologia* não apenas como método ou modo de fazer, mas como ação (ou conjunto de ações) resultantes de estudos e reflexões, ponderações e, até mesmo, um pouco de ousadia por parte dos professores. Assim, consideramos, ao longo dos capítulos desta obra, que as metodologias refletem ideologias, ou seja, é possível dizer que a maneira como o professor escolhe ministrar suas aulas está diretamente relacionada ao nível de conhecimento que ele tem sobre o assunto em questão, no que se refere não apenas ao conteúdo puro e simples, mas também a aspectos que vão além dele, como as implicações sociais e, por que não dizer, as políticas que esse conteúdo suscita. Selecionar a metodologia adequada, portanto, depende primeiramente daquilo que o docente considera adequado, do contexto em que vive e dos estudos (conhecimento) que ele tem. Impossível escolher determinada metodologia ou apontar aqui uma única e mais eficaz. O que as pesquisas sobre esse tema permitem concluir é que devemos refletir sobre nossas escolhas profissionais e metodológicas, entendendo-as como reflexos de nós mesmos, do que acreditamos e defendemos e dos estudos relativos ao que fazemos.

E o que dizer do tema *alfabetização*? Quando já se acreditava terem sido descobertos todos os métodos e as facetas pertinentes à tarefa de alfabetizar, surgiu o conceito de *letramento*, que balançou as bases da alfabetização e exigiu novos estudos, novas reflexões, novos resultados e novas propostas. Fica provado que o conhecimento é, realmente, algo em constante mudança e crescimento. Dessa forma, ao optar por uma maneira de alfabetizar alguém, é importante pensar na alfabetização não como um conjunto de regras e procedimentos, mas como um desvendar do mundo, um acesso para as coisas da vida.

Considerar que aquele que deseja aprender a ler e a escrever – criança, jovem ou adulto – deve fazê-lo para poder melhorar sua vida, para poder vivê-la com mais dignidade e conhecimento, aumenta significativamente a responsabilidade da educação e dos profissionais envolvidos no processo de ensinar (ou ajudar) alguém a ler e a escrever. A alfabetização, no cenário em que vivemos, ultrapassou a fronteira dos livros e dos cadernos para infiltrar-se nos contextos que fazem parte do mundo do estudante.

Esperamos que os estudos presentes neste livro possam ajudar tanto professores quanto futuros profissionais da área a ampliar suas visões para além do modo de ensinar, em direção às reflexões que a educação pode proporcionar. Alfabetizar é muito mais do que ensinar letras e sons: é colocar ao alcance do estudante ideias, mensagens, letras, sons, sonhos e esperanças.

Todos os professores alfabetizadores têm uma grande responsabilidade na alfabetização dos brasileiros: colaborar para que sejam sujeitos de sua própria história, usando esse processo como alavanca para conhecer sua realidade e torná-la cada vez melhor.

lista de siglas...

Andislexia: Associação Nacional de Dislexia

BNCC: Base Nacional Comum Curricular

DCN: Diretrizes Curriculares Nacionais

DCNEI: Diretrizes Curriculares Nacionais da Educação Infantil

EJA: Educação de jovens e adultos

Encceja: Exame Nacional para Certificação de Competências de Jovens e Adultos

IBGE: Instituto Brasileiro de Geografia e Estatística

Inaf: Indicador Nacional de Alfabetismo Funcional

IPM: Instituto Paulo Montenegro

LDBEN: Lei de Diretrizes e Bases da Educação Nacional

MEC: Ministério da Educação

ONG: Organização não governamental

PCN: Parâmetros Curriculares Nacionais

Pnad: Pesquisa Nacional por Amostra de Domicílios

SEA: Sistema de escrita alfabética

TICs: tecnologias da comunicação e da informação

Unesco: United Nations Educational, Scientific and Cultural Organization (Organização das Nações Unidas para a Educação, a Ciência e a Cultura)

referências...

ANDISLEXIA – Associação Nacional de Dislexia. Fala, linguagem e desenvolvimento. Disponível em: <http://www.andislexia.org.br/fala_e_linguagem.html#1>. Acesso em: 11 jan. 2010.

BARBIER, R. A pesquisa-ação. Brasília: Líber Livro, 2004.

BRASIL. Constituição (1988). Diário Oficial da União, Brasília, DF, 5 out. 1988. Disponível em: <https://www.planalto.gov.br/ccivil_03/constituicao/constituicao.htm>. Acesso em: 30 abr. 2023.

BRASIL. Lei n. 9.394, de 20 de dezembro de 1996. Diário Oficial da União, Poder Legislativo, Brasília, DF, 23 dez. 1996. Disponível em: <http://www.planalto.gov.br/ccivil_03/leis/l9394.htm>. Acesso em: 30 abr. 2023.

BRASIL. Lei n. 12.796, de 4 de abril de 2013. Diário Oficial da União, Poder Executivo, Brasília, DF, 5 abr. 2013. Disponível em: <https://www.planalto.gov.br/ccivil_03/_ato2011-2014/2013/lei/l12796.htm>. Acesso em: 30 abr. 2023.

BRASIL. Ministério da Educação. Conselho Nacional de Educação. Câmara de Educação Básica. Parecer n. 5, de 7 de maio de 1997. Relator: Ulysses de Oliveira Panisset. Diário Oficial da União, Brasília, DF, 16 maio 1997a. Disponível em: <http://portal.mec.gov.br/cne/arquivos/pdf/1997/pceb005_97.pdf>. Acesso em: 30 abr. 2023.

BRASIL. Ministério da Educação. Conselho Nacional de Educação. Câmara de Educação Básica. Parecer n. 11, de 10 de maio de 2000. Relator: Carlos Roberto Jamil Cury. Diário Oficial da União, Brasília, DF, 10 maio 2000a. Disponível em: <http://portal.mec.gov.br/cne/arquivos/pdf/PCB11_2000.pdf>. Acesso em: 30 abr. 2023.

BRASIL. Ministério da Educação. Conselho Nacional de Educação. Câmara de Educação Básica. Resolução n. 1, de 5 de julho de 2000. Diário Oficial da União, Brasília, DF, 19 jul. 2000b. Disponível em: <http://portal.mec.gov.br/cne/arquivos/pdf/CEB012000.pdf>. Acesso em: 30 abr. 2023.

BRASIL. Ministério da Educação. Educação para jovens e adultos: ensino fundamental – proposta curricular para o 1º segmento. Brasília, 2001. Disponível em: <http://portal.mec.gov.br/secad/arquivos/pdf/eja/propostacurricular/primeirosegmento/propostacurricular.pdf>. Acesso em: 30 abr. 2023.

BRASIL. Ministério da Educação. Secretaria de Educação Básica. Conselho Nacional de Educação. Base Nacional Comum Curricular: educação é a base. Brasília, 2018. Disponível em: <http://basenacionalcomum.mec.gov.br/images/BNCC_EI_EF_110518_versaofinal_site.pdf>. Acesso em: 30 abr. 2023.

Brasil. Ministério da Educação. Secretaria de Educação Básica. Diretoria de Apoio à Gestão Educacional. Pacto Nacional pela Alfabetização na Idade Certa: apropriação do sistema de escrita alfabética e a consolidação do processo de alfabetização em escolas do campo. Interdisciplinaridade no Ciclo de Alfabetização. Unidade 3. Brasília, 2012. Disponível em: <http://www.serdigital.com.br/gerenciador/clientes/ceel/material/131.pdf>. Acesso em: 30 abr. 2023.

BRASIL. Ministério da Educação. Secretaria de Educação Básica. Diretrizes Curriculares Nacionais para a Educação Infantil. Brasília, 2010. Disponível em: <http://portal.mec.gov.br/dmdocuments/diretrizescurriculares_2012.pdf>. Acesso em: 30 abr. 2023.

BRASIL. Ministério da Educação. Secretaria da Educação Continuada, Alfabetização e Diversidade. Trabalhando com a educação de jovens e adultos: alunos e alunas da EJA. Brasília, 2006. Disponível em: <http://portal.mec.gov.br/secad/arquivos/pdf/eja_caderno1.pdf>. Acesso em: 30 abr. 2023.

BRASIL. Ministério da Educação. Secretaria de Educação Fundamental. Parâmetros Curriculares Nacionais: Língua Portuguesa. Brasília, 1997b.

CAGLIARI, L. C. Alfabetização e linguística. São Paulo: Scipione, 1991.

CAMPOS, Á. Todas as cartas de amor são. In: PESSOA, F. Poesias de Álvaro de Campos. Lisboa: Ática, 1944. Disponível em: <http://arquivopessoa.net/textos/2492>. Acesso em: 30 abr. 2023.

CARVALHO, M. Alfabetizar e letrar: um diálogo entre a teoria e a prática. 12. ed. 8. reimp. Petrópolis: Vozes, 2023.

CENTRO DE REFERÊNCIA EM EDUCAÇÃO MÁRIO COVAS. A escola pública e o saber. Disponível em: <http://www.crmariocovas.sp.gov.br/exp_a.php?t=011e>. Acesso em: 30 abr. 2023.

CLÍMACO, F. Guia completo da BNCC para a educação infantil. [S.l.]: EPI, 2018. Disponível em: <https://blob.contato.io/machine-files/download-286977-eBook_Fernanda%20CLIMACO%20COMPLETO%20BNCC-10706298.pdf>. Acesso em: 30 abr. 2023.

CÓCCO, M. F.; HAILER, M. A. Didática da alfabetização: decifrar o mundo – alfabetização e socioconstrutivismo. São Paulo: FTD, 1996.

COSCARELLI, C. V. (Org.). Tecnologias para aprender. São Paulo: Parábola Editorial, 2016.

COSTA, S. R. Dicionário de gêneros textuais. Belo Horizonte: Autêntica, 2008.

CRUZ, M. B. Crianças que escrevem e não leem: dificuldades iniciais em alfabetização. Disponível em: <http://www.profala.com/arteducesp129.htm>. Acesso em: 30 abr. 2023.

CURTO, L. M.; MORILLO, M. M.; TEIXIDÓ, M. M. Escrever e ler: como as crianças aprendem e como o professor pode ensiná-las a escrever e a ler. Porto Alegre: Artmed, 2000.

DALLA VALLE, L. de L. Roda pião. Curitiba: Ibpex, 2008. (Coleção Gira Mundo – Educação Infantil, v. 1).

ESCREVENDO O FUTURO. Pergunte à Olímpia: diferenças e aplicações entre multissemiótico e multimidiático. 5 ago. 2023. Disponível em: <https://www.escrevendoofuturo.org.br/formacao/pergunte-a-olimpia/178/diferencas-e-aplicacoes-entre-multissemiotico-e-multimidiatico>. Acesso em: 30 abr. 2023.

FERRARI, M. Emilia Ferreiro: a estudiosa que revolucionou a alfabetização. Nova Escola, São Paulo, ed. especial, out. 2008. Disponível em: <http://revistaescola.abril.com.br/lingua-portuguesa/alfabetizacao-inicial/estudiosa-revolucionou-alfabetizacao-423543.shtml>. Acesso em: 4 jan. 2010.

FERREIRO, E. Com todas as letras. 4. ed. São Paulo: Cortez, 1993. (Coleção Biblioteca da Educação, v. 2).

FERREIRO, E.; TEBEROSKY, A. Psicogênese da língua escrita. Porto Alegre: Artes Médicas, 1985.

FREIRE, P. Educação como prática da liberdade. Rio de Janeiro: Paz e Terra, 1967.

HOUAISS, A.; VILLAR, M. de S.; FRANCO, F. M. de M. Dicionário Houaiss da língua portuguesa. Rio de Janeiro: Objetiva, 2001.

IBGE – Instituto Brasileiro de Geografia e Estatística. O analfabeto funcional. Disponível em: <http://www.ibge.gov.br/ibgeteen/em_debate/indicadores_sociais/analfabetofuncional.html>. Acesso em: 10 maio 2007.

IBGEeduca. Conheça o Brasil – População – Educação – Cor ou raça. Disponível em: <https://educa.ibge.gov.br/jovens/conheca-o-brasil/populacao/18317-educacao.html#:~:text=No%20Brasil%2C%20segundo%20a%20Pesquisa,(11%20milh%C3%B5es%20de%20analfabetos>. Acesso em: 10 maio 2023.

INAF – Indicador de Alfabetismo Funcional. Analfabetismo no Brasil. Disponível em: <https://alfabetismofuncional.org.br/alfabetismo-no-brasil/>. Acesso em: 10 maio 2023.

INEP – Instituto Nacional de Estudos e Pesquisas Educacionais Anísio Teixeira. Mapa do analfabetismo no Brasil. Disponível em:

<http://inep.gov.br/estatisticas/analfabetismo/default.htm>. Acesso em: 7 ago. 2007.

IPM – Instituto Paulo Montenegro. Indicador de Alfabetismo Funcional. Disponível em: <http://www.ipm.org.br/ipmb_pagina.php?mpg=4.02.00.00.00&ver=por>. Acesso em: 7 ago. 2007.

KATO, M. No mundo da escrita: uma perspectiva psicolinguística. São Paulo: Ática, 1987.

KRAMER, S. Alfabetização, leitura e escrita: formação de professores em curso. São Paulo: Ática, 2001.

LINGUAGEM. Disponível em: <https://michaelis.uol.com.br/moderno-portugues/busca/portugues-brasileiro/linguagem/>. Acesso em: 10 maio 2023.

LINGUÍSTICA. Disponível em: <https://michaelis.uol.com.br/moderno-portugues/busca/portugues-brasileiro/linguistica/>. Acesso em: 10 maio 2023.

MARCUSCHI, B. Condições de produção do texto. Glossário Ceale. Disponível em: <https://www.ceale.fae.ufmg.br/glossarioceale/verbetes/condicoes-de-producao-do-texto>. Acesso em: 10 maio 2023.

MARCUSCHI, B.; FERRAZ, T. Produção de textos escritos: o que nos ensinam os livros didáticos do PNLD 2007. In: ROJO, R.; VAL, M. da G. C. (Org.). Os livros didáticos de Língua Portuguesa no PNLD 2009. Belo Horizonte: Autêntica, 2009. p. 129-152.

MICHAELIS. Moderno dicionário da língua portuguesa. Disponível em: <http://michaelis.uol.com.br>. Acesso em: 30 abr. 2023.

MILLER, S. O trabalho epilinguístico na produção textual escrita. In: REUNIÃO ANUAL DA ASSOCIAÇÃO NACIONAL DE PÓS-GRADUAÇÃO E PESQUISA EM EDUCAÇÃO – ANPEd,

26., 2003, Poços de Caldas. Disponível em: <http://26reuniao. anped.org.br/?_ga=2.1763889.1829805784.1587066007-38254348.1587066007>. Acesso em: 30 abr. 2023.

MINAS GERAIS. Secretaria de Estado de Educação. Alfabetizando: ensino fundamental de 9 anos. Belo Horizonte: Ceale, 2003. (Coleção Orientações para a Organização do Ciclo Inicial de Alfabetização, v. 2). Versão preliminar.

MONTEIRO, S. M.; FRANCO, C. Turmas de alfabetização devem ser homogêneas? Letra A: O Jornal do Alfabetizador, Belo Horizonte, ano 1, n. 4, out./nov. 2005. Disponível em: <http://www.fae.ufmg.br:8082/Ceale/menu_abas/rede/projetos/jornal_letra_a/Ceale/menu_abas/rede/projetos/jornal_letra_a/documentos/Jornal_Letra_A_4.pdf>. Acesso em: 12 maio 2007.

MORAIS, A. Sistema de escrita alfabética. São Paulo: Melhoramentos, 2012.

MORTATTI, M. do R. L. Cartilha de alfabetização e cultura escolar: um pacto secular. Cadernos Cedes, Campinas, ano 20, n. 52, nov. 2000.

NASPOLINI, A. T. Didática do português: tijolo por tijolo – leitura e produção escrita. São Paulo: FTD, 1996.

OLIVEIRA, M. K. de. Aprendizado e desenvolvimento: um processo sócio-histórico. São Paulo: Scipione, 1993.

OLIVEIRA, M. K. Jovens e adultos como sujeitos de conhecimento e aprendizagem. Revista Brasileira de Educação, São Paulo, v. 12, p. 59-73, 1999.

PARANÁ. Secretaria de Estado da Educação. Currículo básico para a escola pública do Estado do Paraná. Curitiba, 1990.

PIAGET, J. A epistemologia genética. 2. ed. São Paulo: Abril Cultural, 1983. (Coleção Os Pensadores).

PROJETO NACIONAL DE INTERCÂMBIO DE EXPERIÊNCIAS EDUCACIONAIS. Promovendo a alfabetização em grupos heterogêneos: o desafio de viver a diferença como um princípio educativo. Revista do Professor, Porto Alegre, n. 89, jan./mar. 2007.

RANGEL, A. M. Alfabetizar aos seis anos. Porto Alegre: Mediação, 2008.

REGO, L. L. B. Alfabetização e letramento: refletindo sobre as atuais controvérsias. Disponível em: <http://portal.mec.gov.br/seb/arquivos/pdf/Ensfund/alfbsem.pdf>. Acesso em: 30 abr. 2023.

RIBEIRO, C. Analfabetismo funcional: entenda o que é, suas causas e soluções. Notícias Concursos, 16 ago. 2020. Disponível em: <https://noticiasconcursos.com.br/analfabetismo-funcional-entenda-o-que-e-suas-causas-e-solucoes/>. Acesso em: 30 abr. 2023.

RIBEIRO, V. M. Alfabetismo funcional: referências conceituais e metodológicas para a pesquisa. Educação & Sociedade, v. 18, n. 60, p. 144-158, dez. 1997. Disponível em Disponível em: <https://www.scielo.br/j/es/a/5pH848XC5hFCqph7dGWXrCz/?format=pdf&lang=pt>. Acesso em: 30 abr. 2023.

ROSSETI, F. A "Caminho Suave" e o duro caminho da educação brasileira. Disponível em: <http://www2.uol.com.br/aprendiz/n_colunas/f_rossetti/id050201.htm>. Acesso em: 14 maio 2007.

RUSSO, M. F.; VIAN, M. I. Alfabetização: um processo em construção. São Paulo: Saraiva, 1996.

SEBER, M. da G. Piaget: o diálogo com a criança e o desenvolvimento do raciocínio. São Paulo: Scipione, 1997. (Série Pensamento e Ação no Magistério).

SILVA, C. S. R. da. Os desafios para a formação continuada do professor alfabetizador: uma análise do Projeto Forma Vale. Formação Continuada do Professor Alfabetizador, n. 19, out. 2006. Disponível em: <http://www.tvebrasil.com.br/salto/boletins2006/fcpa/index.htm>. Acesso em: 10 jul. 2007.

SOARES, M. A reinvenção da alfabetização. Disponível em: <http://www.cereja.org.br/arquivos_upload/magda_soares_reinvencao.pdf>. Acesso em: 10 dez. 2009.

SOARES, M. Letramento: um tema em três gêneros. Belo Horizonte: Autêntica, 1998.

TOKARNIA, M. Analfabetismo cai, mas Brasil ainda tem 11 milhões sem ler e escrever. Agência Brasil, 15 jul. 2020. Disponível em: <https://agenciabrasil.ebc.com.br/educacao/noticia/2020-07/taxa-cai-levemente-mas-brasil-ainda-tem-11-milhoes-de-analfabetos>. Acesso em: 10 maio 2023.

UNESCO – United Nation Educational, Scientific and Cultural Organization. Segundo relatório global sobre aprendizagem e educação de adultos. Brasília, 2014.

VYGOTSKY, L. A formação social da mente. São Paulo: M. Fontes, 1984.

VYGOTSKY, L. Pensamento e linguagem. São Paulo: M. Fontes, 1988.

WADSWORTH, B. Inteligência e afetividade da criança na teoria de Piaget. 6. ed. São Paulo: Enio Matheus Guazzelli, 2003.

WEISZ, T. A revolução de Emilia Ferreiro. Mente e Cérebro, São Paulo/Rio de Janeiro, n. 5, 2005. Edição especial. (Coleção Memória da Pedagogia – Emilia Ferreiro: a Construção do Conhecimento).

ZACHARIAS, V. R. de C. Letramento digital: desafios e possibilidades para o ensino. In: COSCARELLI, C. V. (Org.). Tecnologias para aprender. São Paulo: Parábola Editorial, 2016. p. 15-26.

bibliografia comentada...

CUNHA, C. M. B. L. da; SHIBUTA, V. L. Mini Pets. Ilustrado por Theodoro Guilherme. Ponta Grossa: ABC Projetos, 2022.

A questão da inclusão precisa permear os trabalhos de alfabetização e, para isso, livros de história que tratem desse assunto devem ser oferecidos aos alunos. No livro *Mini Pets* são abordados temas relevantes como inclusão social, compreensão de diferenças e acolhimento, tudo isso numa linguagem própria para crianças. Escrito em letra caixa-alta (maiúscula) para facilitar a leitura das crianças que estão iniciando na escola, apresenta opção para o trabalho em inglês. É um livro sensível indicado também aos professores pela relevância do tema.

FERREIRO, E. Alfabetização em processo. São Paulo: Cortez, 2004.

Nessa obra, Emilia Ferreiro descreve os processos envolvidos na alfabetização de crianças. Trata-se de uma importante ferramenta para gerar reflexões entre os professores sobre os meios mais eficazes de ajudar uma criança a se alfabetizar.

SOARES, M. Alfabetização e letramento. 5. ed. São Paulo: Contexto, 2008.

Nessa obra, Magda Soares, importante representante do pensamento pró-letramento que tomou conta das escolas brasileiras, diferencia alfabetização de letramento, descrevendo cada um desses processos, bem como elencando alternativas para o trabalho do professor que deseja ensinar crianças a ler e a escrever.

SOLÉ, I. Estratégias de leitura. Porto Alegre: Artes Médicas, 1998.

Essa obra aborda, sob diferentes aspectos, o ato de ler, a leitura propriamente dita. Esperamos que essa publicação possa ressignificar a importância da leitura para o professor e, consequentemente, gerar práticas inovadoras nas salas de aula.

TEBEROSKY, A. Aprendendo a escrever. São Paulo: Ática, 1997.

É comum que os professores tenham dificuldades para compreender as escritas de seus alunos e demonstrem dúvidas sobre o procedimento que devem seguir para auxiliar os discentes em sua intenção de escrever. No livro *Aprendendo a escrever*, Ana Teberosky (que já escreveu com Emilia Ferreiro e tem uma vasta experiência na área da alfabetização) apresenta elementos que ajudam o educador nessa tarefa e podem tornar o trabalho de alfabetização mais eficaz.

respostas...

CAPÍTULO 1

ATIVIDADES DE AUTOAVALIAÇÃO

1. b
2. a
3. d
4. c
5. c

ATIVIDADES DE APRENDIZAGEM

QUESTÕES PARA REFLEXÃO

1. Claro que a alfabetização faz tudo isso, e certamente você tem uma história para contar sobre esse tema. Aprender a ler, isto é, decifrar o mundo, é, de certa

forma, ser capaz de viver em sociedade sendo parte atuante dela. A alfabetização tem grande importância na vida das pessoas. Quem lê e escreve bem consegue organizar melhor suas ideias e fazer com que sejam entendidas pelos outros. E isso pode mudar a vida de alguém, fazendo com que tenha uma melhor vivência.

2. Nessa questão, é preciso dar sua opinião: alguns já conheciam a teoria de Emilia Ferreiro e outros não, mas certamente todos que leram e estudaram o texto do primeiro capítulo reconhecem a importância das pesquisas dessa autora para o mapeamento das fases pelas quais a criança passa para construir sua escrita, bem como o alcance dessa descoberta no sentido de alterar as práticas pedagógicas em sala de aula. Conhecer a teoria de Ferreiro pode ajudar muito em sua prática profissional, pois possibilita que você analise a escrita de suas crianças e trace um plano de ação que realmente as ajude a ler e a escrever.

CAPÍTULO 2

ATIVIDADES DE AUTOAVALIAÇÃO

1. b
2. b
3. a
4. c
5. c

ATIVIDADES DE APRENDIZAGEM

QUESTÕES PARA REFLEXÃO

1. Muitas pessoas já têm incorporado ao seu vocabulário e à sua prática profissional a questão do letramento, e isso é fundamental para ensinar alguém a ler e a escrever. Na verdade, escrever e ler pressupõe também o entendimento do que se lê e a análise das leituras realizadas. De nada adianta ler e não entender. A palavra de ordem atualmente é *letramento*: ler, escrever e compreender.
2. Reflita sobre o fato de existirem pessoas que ainda não fazem uso da escrita, quando poderiam ter esse recurso para alterar significativamente sua vida. Os analfabetos funcionais foram, por muito tempo, fruto de uma escola que fundamentou o ensino na decodificação, esquecendo-se de que, para ler e escrever, é preciso relacionar o que está sendo ensinado à própria vida.

CAPÍTULO 3

ATIVIDADES DE AUTOAVALIAÇÃO

1. c
2. d
3. b
4. b
5. c

ATIVIDADES DE APRENDIZAGEM

QUESTÕES PARA REFLEXÃO

1. As questões de entendimento na alfabetização são tão relevantes quanto o ensino da decodificação. Alguém que só aprendeu os sons e as grafias das letras pode não conseguir entender todos os sentidos que as palavras podem ter. Assim, refletir sobre isso é conscientizar-se de que, como professor(a), você deve alfabetizar tendo como norte as práticas de letramento.
2. Alfabetizar não é tarefa fácil nem para quem ensina, nem para quem aprende. Tendo isso em mente, é relevante que os professores saibam que é natural que as crianças apresentem certas resistências ou dificuldades nos processos de decodificação e letramento. Compreender que leitura e escrita são processos diferentes, mas que podem ser aprendidos simultaneamente é fundamental para o professor que se propõe a ensinar a ler e a escrever.

CAPÍTULO 4

ATIVIDADES DE AUTOAVALIAÇÃO

1. d
2. c
3. d
4. d
5. a

ATIVIDADES DE APRENDIZAGEM

QUESTÕES PARA REFLEXÃO

1/2. Muitos professores cometem o erro de julgar algumas disciplinas mais importantes que outras. Cuidado: todas as disciplinas são importantes – algumas para ensinar letras e sons e auxiliar na compreensão de ideias; outras para possibilitar a aquisição de diferentes conhecimentos, como os modos de expressão da humanidade e do próprio aluno, no caso da disciplina de Arte. Então, nada de suprimir disciplinas em favor da alfabetização. Todos os conhecimentos são relevantes para formar o cidadão de maneira integral.

atividades para o trabalho de alfabetização...

1. ADIVINHAÇÕES E CRUZADINHAS

› Tipo de atividade: Leitura

› Duração aproximada: 20 minutos

› Objetivos (capacidades que pretendemos que os alunos desenvolvam):

» "ler" antes de saber ler convencionalmente;

» compreender a natureza da relação oral/escrito;

» utilizar o conhecimento sobre o valor sonoro convencional das letras (se já souberem)/trabalhar em parceria com alunos que fazem uso do valor sonoro (se não souberem);

» utilizar estratégias de antecipação e checagem.

PROCEDIMENTOS DIDÁTICOS

O professor deve:

> ajustar o nível de desafio às possibilidades dos alunos, para que realmente tenham problemas a resolver;

> organizar agrupamentos heterogêneos produtivos, em função do que os alunos sabem sobre a escrita e o conteúdo da tarefa que devem realizar;

> garantir a máxima circulação de informações, promovendo a socialização das respostas e dos procedimentos utilizados pelos grupos;

> no caso das cruzadinhas, explicar e demonstrar como é que se preenche uma na lousa, se os alunos não tiverem ainda familiaridade com a atividade.

PROCEDIMENTOS DOS ALUNOS

Nas adivinhações, os alunos devem:

> ouvir a leitura da adivinhação, que pode ser feita pelo professor ou por um aluno que já saiba ler convencionalmente;

> saber a resposta correta – a turma pode respondê-la antes que cada aluno procure a resposta entre as palavras;

> encontrar a resposta sozinho;

> discutir com o parceiro ou com o grupo a escolha feita individualmente;

> marcar a palavra escolhida pelo grupo/dupla.

Nas cruzadinhas:

> observar todas as figuras;

> escolher uma para iniciar;

> contar o número de quadradinhos correspondente à figura escolhida – assim, o aluno saberá quantas letras tem a palavra a ser procurada;

> consultar a lista de palavras para descobrir qual é a certa;

> socializar as respostas encontradas.

Observação: As cruzadinhas só são viáveis para os alunos não alfabetizados se estes estiverem com uma lista de palavras para preenchê-las. Assim, eles podem contar as letras e discutir sobre os sons de início e de final de palavras, por exemplo, sem propriamente lê-las, aumentando gradativamente suas hipóteses para um letramento total. Essa lista, também chamada de *banco de palavras*, quando composta por palavras conhecidas, pode auxiliar no processo de alfabetização.

ADEQUAÇÃO DA ATIVIDADE CONFORME O CONHECIMENTO DOS ALUNOS

Alunos não alfabetizados

Os alunos com escrita silábica, que já fazem uso do valor sonoro das letras, podem ser agrupados com alunos com escrita silábica que fazem pouco ou nenhum uso do valor sonoro, com alunos de escrita silábico-alfabética ou com alunos de escrita pré-silábica.

É fundamental que os estudantes com escrita pré-silábica não sejam agrupados entre si para realizar esse tipo atividade. Nesse contexto, é importante a interação com o grupo que já sabe que a escrita representa a fala, o que eles ainda não descobriram.

A atividade deve sempre considerar a possibilidade de realização dos discentes; portanto, a lista de palavras, tanto das cruzadinhas quanto das adivinhações, pode variar em função do que eles conseguem fazer. Por exemplo, em uma adivinhação, as palavras podem começar e terminar com a mesma letra, o que aumenta o nível de dificuldade da atividade.

É preciso cuidar para que as cruzadinhas sejam sempre bem nítidas, com letras e quadrinhos não muito pequenos e desenhos bem-feitos, para que os alunos não se confundam.

Alunos já alfabetizados

A cruzadinha deve ser utilizada como atividade de escrita. Nesse caso, a tarefa é escrever as palavras, e não encontrá-las na lista. As questões principais que se colocam aos estudantes são ortográficas.

No caso das adivinhações, é possível manter a atividade como está proposta para os alunos não alfabetizados, mas os que já leem devem realizá-la autonomamente.

Outra variação possível é a seguinte: eles recebem apenas as adivinhações sem as respostas, e a tarefa é respondê-las por escrito.

Intervenção do professor

O professor deve caminhar pela sala observando qual o procedimento que os alunos estão utilizando para realizar a atividade. É importante colocar questões para os que só prestaram atenção, por exemplo, nas letras do início da palavra – e que, por isso, fizeram escolhas inadequadas – a fim de que possam começar a observar também as letras finais ou intermediárias.

Ao final, é preciso socializar as respostas, discutindo como foram encontradas. Essa finalização é tão importante quanto o restante da atividade, pois possibilita que todos confrontem suas hipóteses iniciais com as de outros colegas e possam aprender também nesse momento.

Durante esse tipo de atividade, quando os alunos têm dúvidas, vale a pena remetê-los a um referencial de palavras estáveis (conhecidas de memória). Os textos poéticos memorizados (músicas, poesias, parlendas etc.) são privilegiados para esse propósito. Além disso, podem ser escritos em cartazes, afixados na classe ou colados no caderno.

Uma boa solução é criar um caderno de textos só para essa finalidade, para que fique fácil utilizá-lo sempre que necessário. A ideia não é que o discente copie as palavras do modelo, mas que possa utilizar a escrita convencional como referência. Por exemplo, quando ele pergunta como se escreve determinada palavra, o professor pode, eventualmente, pedir que a encontre em um texto que está no caderno de textos.

Evidentemente, não é possível acompanhar todos os grupos de estudantes em uma mesma aula; por isso, é fundamental que o professor organize um instrumento de registro em que vá anotando quais alunos pôde acompanhar de perto no dia, para que tenha um controle que lhe permita progressivamente intervir com todos.

O professor é um informante privilegiado, mas não é o único: se as atividades e agrupamentos forem bem planejados, os alunos aprenderão muito uns com os outros, mesmo que o professor não consiga intervir com todos eles todos os dias.

Sempre que possível, o professor deve levar livros de adivinhas e revistas de cruzadinhas (que são vendidas em bancas de jornal e livrarias), para que os discentes conheçam os portadores desses textos, ou seja, "onde eles ficam".

2. DESCUBRA QUEM ESTÁ FALANDO

› Tipo de atividade: Leitura

› Duração aproximada: 20 minutos

› Objetivos (capacidades que pretendemos que os alunos desenvolvam):

  » "ler" antes de saber ler convencionalmente;

  » compreender a natureza da relação oral/escrito;

  » utilizar o conhecimento sobre o valor sonoro convencional das letras (se já souberem) ou trabalhar em parceria com alunos que fazem uso do valor sonoro (se não souberem);

  » utilizar estratégias de antecipação, inferência e checagem.

PROCEDIMENTOS DIDÁTICOS

O professor deve:

› ajustar o nível de desafio às possibilidades dos alunos para que realmente tenham bons problemas a resolver;

> organizar agrupamentos heterogêneos produtivos, em função do que os alunos sabem e do conteúdo da tarefa que devem realizar;

> garantir a máxima circulação de informações, promovendo a socialização das respostas e dos procedimentos utilizados pelos grupos;

> relembrar as histórias em que aparecem as falas empregadas na atividade (vale ressaltar a importância de os alunos terem um repertório de textos literários conhecidos: se o professor não lê diariamente para a classe, é necessário que o faça);

> apresentar a tarefa para os alunos esclarecendo o que deve ser feito.

Há algumas variações possíveis:

> ler as falas e pedir aos alunos que encontrem o nome do personagem (por exemplo: "Hoje a lição é descobrir quem está falando. Eu vou ler a fala e vocês vão achar o nome do personagem");

> ler o nome do personagem para os alunos identificarem sua fala (por exemplo: "Quem se lembra do que disse a Chapeuzinho Vermelho para o Lobo Mau disfarçado de vovozinha? Vamos tentar encontrar essa fala e depois ligar com *Chapeuzinho Vermelho*").

PROCEDIMENTOS DOS ALUNOS

Os alunos devem:

› **Situação 1**: ler a frase ditada pelo professor e encontrar o nome dos personagens;

› **Situação 2**:

  » ler a frase equivalente à fala do personagem (a partir de uma "dica" do professor, como a do caso de *Chapeuzinho Vermelho*), buscando ajustar o texto que já conhece ao que sabe que está escrito;

  » discutir com seu parceiro;

  » marcar a resposta;

  » socializar para a classe.

INTERVENÇÃO DO PROFESSOR

O professor deve circular pela sala observando qual o procedimento que os alunos estão utilizando para realizar a atividade. É importante colocar questões problematizadoras em função do que sabe que eles pensam sobre a escrita.

Ao final, podem socializar as respostas, discutindo como foram encontradas.

Durante esse tipo de atividade, quando os estudantes têm dúvidas, vale a pena remetê-los a um referencial de palavras estáveis.

Evidentemente, não é possível acompanhar todos os grupos de alunos em uma mesma aula; por isso, é fundamental que o professor organize um instrumento de registro em que vá anotando quais discentes pôde acompanhar de perto no dia, para que tenha um controle que lhe permita progressivamente intervir com todos.

Sempre que possível, o professor deve levar os livros dos quais retirou as falas dos personagens, para que os alunos conheçam os portadores desses textos.

É importante a adequação da atividade conforme o conhecimento dos alunos. Aqueles já alfabetizados podem ler autonomamente tanto as frases quanto a lista de personagens e podem trabalhar em parceria com estudantes com escrita não alfabética, lendo as frases enquanto estes encontram o personagem ou ajudando-os a ler as frases, fazendo, assim, o papel de parceiro mais experiente.

Alunos não alfabetizados

Os alunos com escrita silábica, que já fazem uso do valor sonoro das letras, podem ser agrupados com alunos com escrita silábica que fazem pouco ou nenhum uso do valor sonoro, com alunos de escrita silábico-alfabética ou com alunos de escrita pré-silábica.

É fundamental que os estudantes com escrita pré-silábica não sejam agrupados entre si para realizar esse tipo de atividade. Nesse contexto, é importante a interação com o grupo que já sabe que a escrita representa a fala, o que eles ainda não descobriram.

A atividade deve sempre considerar a possibilidade de realização dos discentes; portanto, seu formato pode variar em função disso. Uma variação no caso da Situação 1, por exemplo, é relacionar outras duas palavras que começam e terminam com as mesmas letras, além das respostas corretas, para que os alunos tenham de fazer escolhas (como no caso da cruzadinha com a lista de palavras); assim, o grau de dificuldade torna-se maior.

No caso da alfabetização de jovens e adultos, evidentemente, a proposta tem de ser adequada à faixa etária. Na atividade "Descubra quem está falando", é possível utilizar falas de personagens de outras histórias ou criar uma variação – o "Descubra quem está cantando", por exemplo, em que é preciso relacionar nomes de músicas a seus intérpretes.

3. CANTIGAS PARA LER E ESCREVER

> Tipo de atividade: Leitura e escrita

> Clientela: Segundo ano do ensino fundamental

> Área do conhecimento: Língua Portuguesa – Alfabetização

> Justificativa: Auxiliar as crianças no processo de leitura e escrita, bem como possibilitar resgates em sua cultura

> Recursos: Letras de cantigas de roda, audição de CDs, cartolinas, material para confecção de livros

> Objetivos:

>> pesquisar sobre as diferentes cantigas de roda que existem;

>> proporcionar a leitura e a escrita das canções;

>> ampliar o repertório musical e de outras brincadeiras de roda.

PROCEDIMENTOS METODOLÓGICOS

É necessário:

> pesquisar cantigas de roda com pais, avós, amigos e vizinhos e em livros;

- trabalhar as cantigas com o grupo de alunos;
- analisar as cantigas de roda;
- criar e inventar outras cantigas de roda.

Algumas atividades que podem ser realizadas:

- elaborar textos coletivos com os alunos com base nas letras das cantigas;
- dançar as cantigas com coreografia no pátio da escola;
- criar outras cantigas de roda e ilustrá-las;
- organizar um livro com as cantigas já conhecidas e as novas criadas pelos alunos;
- fazer a revisão do que foi copiado no quadro-negro com os alunos;
- montar o livro com a turma;
- apresentar as músicas e as danças para os pais e os colegas com uma sessão de autógrafos do livro de cantigas.

AVALIAÇÃO

O professor deve observar se, por meio da atividade realizada, os alunos avançaram no estabelecimento de relações entre o escrito e o oral, na interpretação de textos e nas habilidades gerais de leitura e escrita.

sobre a autora...

Luciana Rocha de Luca Dalla Valle é mestra em Mídia e Conhecimento pela Universidade Federal de Santa Catarina (UFSC) e especialista em Psicopedagogia e Educação Infantil pela Pontifícia Universidade Católica do Paraná (PUCPR). Iniciou suas atividades profissionais no final da década de 1980 como professora de crianças e por 12 anos vivenciou essa experiência mesclando teorias e práticas pedagógicas diferenciadas. Esse foi o início para, na década seguinte, compartilhar suas experiências de educadora com outros professores, atuando desde então como docente em cursos de capacitação de professores em diversos estados do Brasil.

Há anos acompanha o crescimento da educação a distância (EaD) na formação de professores, como tutora e pesquisadora. Tem trabalhos que retratam sua prática profissional publicados nacional e internacionalmente, bem como estudos apresentados em vários congressos, com destaque para o Congresso de Educação e Tecnologia (Ed-Media), realizado em Tampere, na Finlândia (2001), e para o Congresso de Educação a Distância (E-Learning) realizado em Miami, nos Estados Unidos (2003).

É autora de mais de 20 livros sobre desenvolvimento infantil para a formação de professores e foi agraciada, em 2010, com o Prêmio Jabuti, na categoria Material Didático. Atua como pedagoga e psicopedagoga e tem experiência como docente e pesquisadora na área de educação e formação de professores, especialmente na formação continuada, na graduação e na pós-graduação. Em sua prática profissional, destacam-se a docência e a coordenação pedagógica na educação básica e no ensino superior, bem como a gestão de instituição de ensino superior.

Impressão:
Outubro/2023